走出混沌

我与李天岩的数学情缘

丁玖——著

我没爬过最高的山，
但我攀越人生的险山峻岭
我没游过最深的海，
但我游过人生的惊水急流。

天岩

上海科技教育出版社

李天岩教授（1945.6.28—2020.6.25）

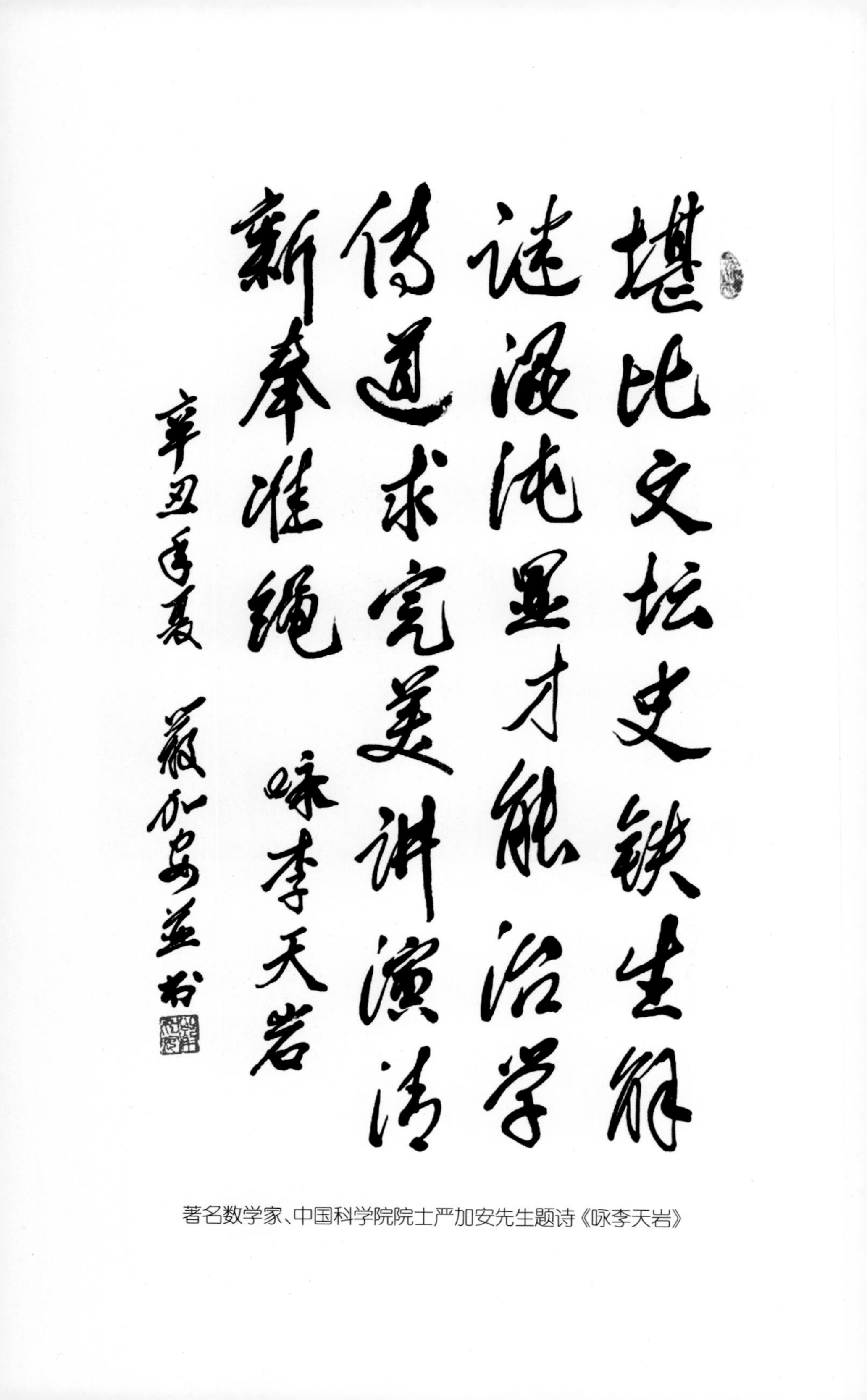

著名数学家、中国科学院院士严加安先生题诗《咏李天岩》

作 者 简 介

丁玖,美国南密西西比大学数学系教授。南京大学数学系77级本科生、81级硕士研究生,1990年于密歇根州立大学数学系获博士学位,导师李天岩教授。主要研究领域为混沌动力系统的计算遍历理论。曾获校级应用研究奖、基础研究创新奖、杰出教学奖、毕业典礼大典礼官荣誉称号及密西西比州杰出高校教师奖。著有《确定性系统的统计性质》《智者的困惑:混沌分形漫谈》《亲历美国教育:三十年的体验与思考》等学术著作和大众书籍多部。

目　录

自　序

对我而言，2020年不仅是新冠肺炎病毒世界大流行的难忘之年，而且也是我的博士论文导师李天岩教授因病去世的痛苦之年。2020年6月25日美国东部时间早晨8点45分，李天岩教授在他位于密歇根州东兰辛市的家中安详地去世了，离开了他一生奉献的数学世界，离开了他无比眷恋的亲朋好友，也离开了他爱护有加的弟子学生。

自从1985年6月我与他在广州中山大学的校园相见，我们的师生情缘历时整整35载。几个月来，我时常想起他，过去的岁月在记忆深处不时涌上心头，尤其在我细读那个时期的日记和信件时，或在伏案撰文写书时，李天岩教授课堂教学的肢体语言和生动表演、待人处事的举止神态和鲜活形象，不断地浮现在我的脑海。

作为一名为祖国争光的美籍华人数学家，李天岩教授在国际数学界的动力系统和数值分析两大学术领域颇有名气。早在上个世纪80年代中期，他的名字就出现在中文学术和普及期刊里。北京大学的朱照宣（1930— ）教授于1984年在《力学进展》第2期发表的一篇综述性文章《非线性动力学中的浑沌》中，介绍了李-约克混沌。据说英文数学名词“chaos”的正式中文翻译“混沌”起始于朱先生，但这里他却用了另一个词“浑沌”，可能是受了庄子的一句名言“中央之帝为浑沌”的影响。同一年，理论物理学家郝柏林(1934—2018)教授于亚洲有名的新加坡世界科技出版公司推出了他编纂的混沌原始论文集*Chaos*，将李天岩和约克教授的名篇《周期三则意味着混沌》收录在内。有趣的是，庄子的上述七字名言放在了该书的扉页上。

随着1985年初夏李天岩教授对祖国大陆的首次学术访问，他的名字进一步在国内学术界传播。数学家和科学家从他的著名论文中吸取营养，普通百姓从他的传奇故事里获得启发。1985年和1986年，国内的《自然杂志》分别刊登了井中和梁美灵的文章，标题分别为《从平凡的事实到惊人的定理》及《混沌理论和同伦算法趣话》，向广大读者介绍了李天岩教授在混沌动力系统和现代同伦延拓法这两个看似互不关联的数学领域中的开创性贡献。后一位作者的先生、中山大学的数学家和经济学家王则柯教授于80年代初游学美国，进入了单纯不动点算法的研究领域，并与首次用现代同伦思想计算布劳威尔不动点的李天岩教授相识，回国后也写文章介绍李教授的杰出工作。王则柯夫妇于1990年在香港的中华书局出版了一本科普书籍《混沌与均衡纵横谈》，收录了李教授的一些有趣故事。这些年来，通过各种媒体的宣传，李天岩教授在国内学界甚至一般读者中的“人气”更加旺盛了。

李天岩教授去世后，国内几个传播数学文化、弘扬科学精神的微信公众号重登了他那篇脍炙人口、对研究数学充满真知灼见的文章《回首来时路》以及多年前华东化工学院(现华东理工大学)苏萌发表在《自然杂志》第12卷第6期中的采访文章《“看你怎么做!”——美籍华裔数学家李天岩教授的一番谈》。《数学文化》杂志也重发了我九年前在此刊登载的文章《传奇数学家李天岩》。一年前我为庆祝他74周岁生日而在《知识分子》公众号上登载的文章《小人物解决四大数学问题:记传奇数学家李天岩》也被转载。这些文章感动了许多读者,尤其是年轻的一代。赣南师范大学一位名叫丁佳文的数学研究生认识我,及时转来微信公众号《好玩的数学》读者“暖暖的心”的一句留言:“静待李的学生丁玖的回忆文章!”这深深地感动了我,也大大地触动了我。我知道,在哀悼李天岩教授的日子里,那些与他素昧平生的读者们,多么想知道他一生的学术成就是怎么取得的,他惊人的钢铁意志又是怎样炼成的。我感到有股强大的力量不停地推动着我,敦促我更详细地书写出他和我延续35年的师生情缘,让更多的人了解这位杰出学者多姿多彩的丰富人生。

自从2003年李天岩教授应《中国现代数学家传》丛书编委会所求,让我给他起草一篇他的学术传记后,十七年来,我写过几篇有关他的文章,介绍了李天岩教授的三大数学成就、启迪心智的治学思想以及永不言败的拼搏精神,分别刊登在《科学时报》(后来恢复原名《中国科学报》)、中国科学院研究生院院刊、《数学文化》杂志以及微信公众号《知识分子》《返朴》等媒体上。但是我从26岁起所经历过的许多与他有关的故事,基本还保存在鲜为人知的记忆深处,记载在尘封已久的日记本里,除了部分地披露于我的一本书《亲历美国教育:三十年的体验与思考》外,大都还没有见诸公开的文字。为了让众多读者了解李教授的非凡一生,在他去世后那些日子里心情无比沉痛的我,在网上参加了李教授家所在城市殡仪馆的悼唁仪式后，再次产生了写作的激情。我于他逝世十天后，一气呵成地写下两篇情真意切的纪念文章《难忘的35年师生情缘：怀念华裔传奇数学家李天岩教授》和《李天岩：数学家中的钢铁巨人》，分别于7月10日和7月19日发表在《返朴》和《知识分子》上。

在《难忘的35年师生情缘》的第三段，我这样写道："我与李天岩先生之间的'缘分'至今已存在了整整35年，经受了时间老人的考验。这是一段跨越世纪之交的师生之情、知心之情、相惜之情。我一生中记忆犹新的一句话来自于他。那是在进入新世纪不久的一次愉快相逢，我在他家住了几天，谈论起'婚姻与爱情'这个永恒的话题。李先生强调婚姻要有缘分，然后他脱口而出：'就像你我师生一场就是缘分'。"

这篇文章是我在眼泪中写成的。曾与李教授有过密切交流的一位华人数学教授告诉我，文章第二天就被美国的一个著名华文网站转载。除了吸引了大量的读者外，留言区是"非常罕见的一边倒的好评"，被广泛认为是情真意切的心声之作，道尽了一位学生与恩师历时长久的师生情缘。7月11日，扬州大学数学科学学院的董琪翔教授发来微信，建议我进一步扩写成一本书，书名就叫"我和我的导师李天岩"。这也道出了我的心声，因为我久有此愿。于是我很快接受了他的建议，于8月2日开始动笔写作。

其实，三年前我曾有过写一部李天岩教授传记的想法。那时，我有两个写作计划，一是写我的南京大学计算数学班的同学，一个便是写集应用数学家和计算数学家于一身的李天岩教授，因为这两个题材都有写作的价值，而且都有许多情节生动而又启发心智的故事可写。2018年初我从中国回到美国，跟李教授提出过我的这一愿望。但是他当时并没有赞同我写他的计划，于是我就着手开始写作另一本书《南大数学 77 级》，四个月完成了二十万字的初稿，修改后交给了北京大学出版社出版。

李天岩教授是非常值得大书特书的。他的75年人生是个真正的传奇，他对学问和生活的态度更可以为年轻的一代树立榜样。首先，李天岩教授是一位有卓越成就的数学家，在应用数学和计算数学的几大领域做出了开创性的工作。尤其在动力系统领域，几乎无人不知他和他的博士论文导师约克教授于 1975 年 12 月发表的八页论文《周期三则意味着混沌》；该文在 2008 年戴森教授的"爱因斯坦讲座"美文《鸟与蛙》里被誉为"数学文献中不朽的珍品之一"。同样在青年时代，他还完成了另外两大数学工作——对"氢弹之父"乌拉姆的一个数学猜想的证明以及对荷兰拓扑学家布劳威尔的著名不动点定理的构造性证明。前者引领了计算遍历理论的研究，后者开启了现代同伦算法的新天地。其次，他对怎样读数学和怎样做研究有许多独特的想法和见解，这些思想理念与经验之谈不仅对他的博士生和其他学生们产生过巨大的影响，而且对于新一代的年轻学子也会有直接的帮助。再次，他是一个具有传奇色彩的人物。一方面，他一生中的三分之二时间是在与疾病搏斗中度过的，而另一方面，他留给人们的印象是幽默诙谐、妙语连珠、乐观豁达，完全颠覆了人们对患病50 年之久的不幸人生的一般印象。

由于激情在胸，加上日记和往常信件中留下的材料丰富了我的记忆，我在两个半月内写出了本书的初稿。疫情期间，我困守家里，网上教书，也无法旅行或回国，客观来讲上天给了我更充足的写作时间。然而由于我对李教授大学毕业前的生平知之不多，之前也没能"有意识地"采访过他以获取他从少年到青年时代的详细第一手资料，故我写不出他的完整传记，我只能从我认识他的那年开始写起，写出我所知道的李天岩教授一生中后35年的经历以及对我的影响。这本书的书名恰如其分地反映了这一点：从学生的角度追寻李天岩教授下半生的足迹以及自己在他点拨下"走出混沌"、探索数学之美的旅程。

2011年，我在《数学文化》上刊登了一篇科普文章《自然的奥秘：混沌与分形》，后来受到一些朋友和笔友的鼓励与建议，将它的篇幅扩充一倍，于2013年在高等教育出版社出版了一本科普读物《智者的困惑：混沌分形漫谈》，其中一章专谈"李-约克混沌"。为了将这一章写出特色来，我和李天岩教授信件交流了数次，获得过一些到那时为止还未公开发表的"独家秘闻"，书稿也经由他细心阅读。他读完书稿后极为称赞，回信说道："你这篇写得甚好，显然是下了很大的功夫。"可以说，那一次的写作经历，也为这本回忆录积累和准备了一些有用的素材。

我的一生，受过不少人的影响，其中有我工厂的伙伴、大学的同学、教过我的老师、生活中的挚友，但是影响较大的也只有几个，除了我的父母外，李天岩教授当排在第一。在过去的35年间，他对我的读书问学、教学讲演、做人行事、工作方式、人际交往，都留下了深刻的印记。近朱者赤近墨者黑，甚至有人已经看到了我和他的某些相像之处："你在很多方面，学问的严谨，上课的风格，生活的简朴，对科技软件等'花架子'的迟钝，甚至连长相都与李教授越来越接近了。如果他信上帝，你也一定信了。"

在这本书里，我将全方位地描述李天岩教授的数学观和人生观，他在我眼中的鲜活形象，以及他对我的整个人生的直接熏陶。

我将写出35年前我与李天岩教授在广州决定我未来人生轨迹的一周交往,我将写出赴美求学后在他调教下我所走过的学术之路,我将写出用通俗语言描绘的他那三大数学杰作,我将写出我们之间的师生缘分,我将写出他留给我们的宝贵精神遗产——读书方法与治学之道,我将写出课堂内外讨论班上的严师形象,我将写出关怀弟子外冷内热的菩萨心肠,我将写出逆境拼搏钢铁巨人的传奇故事,我将写出生命将息视死如归的人生赢家。总之,我要把真实可爱的李天岩教授的独特个性和迷人风采展现给广大的读者,特别是怀抱远大理想的青少年学生。

长期以来,对导师李天岩教授我始终都执弟子之礼,尊敬有加,人前人后都习惯性地以"李教授"称呼他。在他面前或在电话、信件交流中,我也常喊他"李先生"。为了统一起见,在本书中我一律称他为"李天岩教授"或"李教授",而不用"李先生"。在西方,任何男子都可以被正式地称呼为"先生",这也是我在书中不采用"李先生"称谓的一个理由。但是,书中对于我在南京大学的硕士导师何旭初教授,我依然按照当年那样习惯性地继续称他"何先生",这也是中国教育界知识界尊老敬师的千年传统。

除了感谢我忠实的日记记载了我和李教授交往中真实的一言一行,我也感谢懂得我的朋友董琪翔博士提醒我写这本书。它和他都给了我自信和激情,在恩师逝世的当年能以一本书的形式,写出我对李天岩教授的感恩之情,也为祖国的读者,尤其是年轻的学生,展示一代学人和一位勇士的真实人生。

我很敬重的两位朋友兼笔友——香港的陈关荣教授和瑞典的范明教授,都是文理并茂的数学博士。他们阅读了我的书稿,提出了修改建议。我向他们表示感谢。

本书主书名“走出混沌”形象化地描绘了作者的理念:数学使人开窍。书名里的“混沌”二字更是与李天岩教授最伟大的学术成就密切相关。此画龙点睛之作来自微信公众号《返朴》的潘颖女士大脑的灵光一闪,在此特别向她致谢。

生于我家乡扬州的数学家严加安院士欣然为本书题诗七绝并挥毫书之,概括了李天岩教授的独特人生,我内心的喜悦不言而喻,对他深表谢意。

最后,我要感谢中国科学技术出版社原副总编辑杨虚杰女士和上海科技教育出版社副总编辑匡志强博士,前者激情策划、后者认真编辑了本书。他们的专业知识、工作效率以及敬业精神留给我深刻的印象。

丁玖

2021年6月25日李天岩教授逝世周年忌日

△ 第一章

新 人 起 步

1973 年 1 月，我高中毕业，时年十四。在“特殊时代”读中学的我，在课堂上基本没有学到正规的数理化和文史哲基础知识，除了在最后一学期沾了点“教育回潮”的光而遇见了“圆锥曲线”“加速度”“克当量”。知识很不全面的我就这样进入了社会，学习怎样谋生。好在主要靠自学成才并在解放初期创办了家乡小学的父母，给我遗传了爱读书、会自学的最有用基因。我读遍了家里未被烧掉或藏在暗处的书籍，主要是人文方面的。在前后四个工厂当临时工、拜师学徒、充当师傅，最后正式分配到县办大集体企业江苏省江都县仪表厂工作的五年间，我也自学了几本与我的机械制图工作有关的大学或中专教材。

幸运的是，1973 年春节，家父母最为自豪的学生、1963 年高考数学成绩比满分仅少一分的高允翔，在回乡探亲看望老师时，借给我他高中三年的十八本数理化教科书，让我在三个月的苦读中补上了部分初等教育，尤其对数学下了点功夫钻研。尽管之后的五年我只碰机械，未碰数学，我还是幸运地通过了 1977 年秋恢复的高考的地区初考和全省统考，翌年春进入南京大学数学系，成为“文革”结束后的第一届大学生。

四年后的1982年春，我本科毕业，继续在本系攻读硕士学位，研究方向是计算数学中的最优化理论与算法，导师是德高望重的何旭初（1921—1990）先生，他是中国数值代数和最优化界的元老，南大计算数学专业的灵魂人物，曾长期担任计算数学教研室主任，时任数学系负责科研事务的副主任。在两年半的学习期间，我与其他三位同学王思运、倪勤和钱迈建刻苦读书，和导师以及早于我们硕士毕业留系任教的师兄每学期举办讨论班，阅读并轮流报告本领域最著名的一批论文。可以说，在我学术人生的第一个阶段，我掌握了作为最优化数学基础的凸分析理论，对无约束最优化的基本方法有了较深的了解。

1983年是我研究生二年级。那时，我们已经修完了所有专业基础课，讨论班也进行得如火如荼，可以走上探求未知世界之路了。我也积极准备在求解无约束最优化的地盘上钻孔打洞，以求挖出一块金砖银砖或铜砖来。不料有一天，何先生叫我去他那里，有话跟我说。

读本科时，我从未见过导师，毕业前报考他的研究生，主要动机一为这是应用学科，二是这个应用学科在国内高校数学系中似乎是最有名者之一，驱动力完全出自奔何先生的名望而已。然而就学后，在一年半的打基础期间，我和导师的感情与日俱增，也经常去他的家里聆听教诲。那时的中国教授，即便是像他这样的中国高校最早一批二批的“博士生导师”，经济上的窘迫在家中也是处处可见的。在我于2002年5月母校一百周年校庆时发表在南京《扬子晚报》的文章《纪念何旭初先生》中，我回忆起去见何先生时上楼的情景：

每当我去他住所请教学问时，踏上摇晃的楼梯，进入狭小的房间，昏暗的灯光照射着先生花白的头发，慈祥镌刻在苍老的面孔上。先生不苟言笑，笔直地坐在藤椅上，虽言语不多，却常有惊人的思想引发我研究的灵感。

我在文章中继续写道："是他，目光深远地将我引进一个新的研究领域——单纯不动点算法，极大地开阔了我的视野。"其实，何先生何止"开阔了我的视野"，他的建议实际上改变了我的未来！

何旭初先生参加学生的论文答辩

这个名为"单纯不动点算法"的新兴研究领域，起始于戴着数学博士帽子的耶鲁大学经济学教授斯卡夫(Herbert Scarf，1930—2015)1967 年在美国工业与应用数学学会(Society for Industrial and Applied Mathematics，通常被简写为 SIAM)旗下的期刊《SIAM 应用数学杂志》(*SIAM Journal on Applied Mathematics*)上登出的一篇原创性论文《连续映射不动点的逼近》(The approximation of fixed points of a continuous mapping)。斯卡夫这位美国普特南大学生数学竞赛的前十名、1954 年获得普林斯顿大学数学博士的犹太人，由于他的几项卓越成就曾被期待拿到诺贝尔经济学奖。在这篇开拓一个研究疆域的杰作中，他借助单纯形区域的三角剖分技术，用组合数学的思想近似求解一个经济学平衡点问题，即计算定义在某个欧几里得空间中标准单纯形上的一个连续映射的不动点。该篇文章引领了之后二十年间欧美学者探讨各式各样的单纯不动点算法的研究热潮。但即便是到了这篇论文问世十五年后的1982年，当时在国内也只有以访美归来的中山大学王则柯老师为代表的少数几人在探索，其中我熟悉的现在香港城市大学任教的党创寅教授后来于1995年在斯普林格出版公司的“经济与数学系统丛书”中出版了专著《三角剖分与单纯法》(*Triangulations and Simplicial Methods*)。

在北京大学数学系受过纯数学特别是拓扑学训练的王则柯老师也是我最早的学术引路人。正是他访美两年后在我读硕士研究生期间归来，为中国的计算数学界带回了“单纯不动点算法”这一学术礼物。只有当他把这个好礼物送给何旭初先生后，我才得以认识并欣赏奇妙的“不动点”。自然，他不会只给何先生“送礼”，他的礼物遍布全中国，而礼物的载体之一就是他发表出版的科普文章和书籍。出身于中山大学著名文科教授之家的他，从小耳濡目染于人文历史的家庭气氛，虽然考上的是中国第一学府北京大学，就读的是最需要逻辑思维的纯粹数学，但他的形象思维也同样发达，毕业后成了文理并茂的复合型人才，这也为他后来转行从事经济学教学研究埋下了伏笔。

我在研究生阶段学习和研究不动点算法的那两年，得到了王老师的指点和帮助，我们通过好几封信，他还给我寄过荷兰学者有关论著的复印件。他也是我的硕士论文校外审核人，并给我的论文写作提出了中肯的意见。我硕士毕业前后，和他在中山大学见过几次，他的儒雅和客气给我留下很好的印象。

王老师不但撰写了有关的综述文章宣传不动点算法这个似乎

很有前途的领域,也积极与老一辈学者通信联系,扩大它的影响。何先生就是从王老师的来信中了解到不动点算法的简明历史和前景展望,一贯提携年轻人并鼓励他们进入新疆域的他,对我的学术追求抱有期望,于是亲切地问我是否对此感兴趣。而我天生就有好奇心,尤其对新生事物抱有较大的热情,加上这是导师的亲自点兵,并有一位远在广州、年富力强的学术带头人可以请教,我马上就跃跃欲试地满口答应下来。就这样,我很快啃完康奈尔大学的托德(Michael Todd,1947—　)教授于1976年由德国斯普林格出版公司出版的一部专著《不动点的计算与应用》(*The Computation of Fixed Points and Applications*),迅速进入了角色。南京大学数学系拥有中国大学馆藏排名第二的中外数学书刊,这也帮助了我比较顺利地查阅参考资料,基本了解到整个领域的发展历程和研究热点。

我还记得当时捧读托德著作的快乐劲儿。首先是渴望吸收新知识的饥饿感。不动点算法涉及纯数学学科拓扑学中的最伟大定理之一——布劳威尔不动点定理,而我作为计算数学专业的学生,一直对纯粹数学抱有偏爱之心,热爱得甚至觉得我的硕士研究生专业对分析学基础课的设置强度不够。所以从自我修养的角度考虑,学习不动点算法无疑也强化了我的知识结构,我越来越感到进入这个新领域完全值得。随着文献阅读的推进和深入,我进一步接触到现代拓扑学的一个分支——微分拓扑学,那是脱胎于研究几何图形连续变形的拓扑学和检视瞬时变化率的微分分析学嫁接之后长成的丰硕果实。

就在这时,我第一次读到凯洛格-李-约克关于现代同伦算法的开山辟路之作。他们在1976年发表的划时代论文是微分拓扑和计算数学的结晶!这篇文章的题目是“布劳威尔不动点定理的构造性证明及计算结果”(A constructive proof of the Brouwer fixed-point theorem and computational results)。三个作者中间的那个“李”姓者,英文全名是“Tien-Yien Li”,后来我才知道他的中文大名是“李天岩”。当然,我那时对他一无所知,只从英文的姓推断他应该是一位华人,但还是有点怀疑,因为他英文名的拼写不是根据我们所熟悉的标准汉语拼音“Tian-Yan”。不知何时我又发现,按照英文数学文章作者姓氏首字母排序署名法则而排在第三作者位置的Yorke,就是李天岩的博士论文指导老师约克(James Yorke,1941—);而按字母排序的第一作者,则是与约克教授在马里兰大学数学系和流体力学及应用数学研究所共事的凯洛格(Royal Bruce Kellogg,1930—2012)教授,我的大学同班女同学刘必跃后来是他于90年代初带出的博士。

就这样,由于何旭初先生将我引进单纯不动点算法的领域,我有机会在论文阅读中“认识”了李天岩教授,并对他28岁时所做的这项工作有了深刻的印象。我从这篇于1976年发表的奠基性论文里,领略到传统计算数学与现代纯粹数学有机结合的崭新思想。之后不久,我又从1980年的《SIAM评论》(*SIAM Reviews*)中,读到综述性长文《逼近不动点以及求解方程组的单纯法和延拓法》(Simplicial and continuation methods for approximating fixed points and solutions to systems of equations),进一步了解到经典同伦延拓法的基本思想和发展历史以及现代同伦延拓法的“诞生记”。

我继续在新领域中学习提高,第二年7月顺利地完成了我的硕士论文答辩,获得硕士学位,并以助教的职称留系任教。我本来计划将学位论文整理成文章寻求发表,但当年秋天起全国范围的自费公派留学浪潮马上席卷了我和我的同学们,我竟没有时间修改投稿。后来到了美国，我才发现我花了很大功夫钻研的单纯不动点算法，在力求“多快好省”的计算数学界，由于计算量不经济等致命缺陷，人们对它的热情开始慢慢退潮，整个领域逐步淡出研究者的视野。除了欧洲的部分学者还固守阵地外，美国那些曾经引领研究大潮的最优化领袖或运筹学大师，以及他们的虾兵蟹将，基本上都金盆洗手了。所以我带到美国的硕士论文仅仅是借此获得学术训练的一件作品，对我未来的学术道路却没有起到承前启后的重大作用。然而，一条人生历程的同伦曲线，将我和大洋彼岸的美国连接在一起。

1984 年秋，国家放宽了出国留学的政策，对于像我这样已经拿到硕士学位的留校教师，只要能获得国外大学的经济资助，就可以通过“自费公派”的形式出国深造，顾名思义，就是在不需要国家或单位提供留学经费的前提下，由单位派出“自费”读书。正因为依然属于“公派”出国的范畴，我们必须手持“因公护照”前往他国。这一英明决策马上让消息灵通的南大校园沸腾起来，我的研究生同学几乎个个跃跃欲试，纷纷写信，各显神通，联系出国。留校的硕士毕业生和在读的硕士生，工作重心开始转移，一切以创造条件负笈海外为行动的出发点。其中最关键的一环是提高外语水平，尤其是英语听力，因为去美国留学必须要达到所申请大学的最低托福成绩标准。

在当时那种言必称“出国”的大环境下，我自然也下了决心要走出国门，拿到博士学位后回校效劳。之前系里曾打算公费送我去苏联进修，因为我学过第二外语俄语。据说我的名字已经上报给教育部先挂上号。但是如果申请自费公派的话，那时快要解体的苏联是不大可能提供资助的，所以我和几乎所有人一样打算申请去美国留学。当时的我们,出国的目的不是想拿到学位后留在那里,而是想攻读博士获得求学阶段的最高学位后,按期回校工作教书育人。所以,寻找合适导师继续在对口专业不断进步,而不是一切看“学校排名”,是大家寄出申请材料的基本做法。

我也不例外。但是我因为毕业后忙着结婚和太太的工作调动,出国行动比其他人慢了半拍。我的大部分同学比我早动手半年,有的通过来国内讲学的美籍华裔教授推荐,甚至在我联系美方教授等待对方回音时,已经拿到美国大学的录取信和助教奖学金资助。一年多来,我已经培养起对美丽同伦曲线的感情,就选了同伦算法这个领域中的三个美国教授,用南大数学系的破旧英文打字机,于1985年春先后给他们中的每一位打了一封内容基本相同的投石问路信。他们是斯坦福大学的伊夫斯(Curtis Eaves, 1938—)教授、密歇根州立大学的李天岩教授以及马里兰大学的约克教授(那时我不知道约克教授是李天岩教授的博士论文指导老师)。我读过他们与我硕士论文有关的论文,只要其中的任何一人收我当学生,我都乐意前往攻读博士学位。结果他们三人分别给了我不同的待遇。伊夫斯教授所在的工业经济与运筹系给我寄来一大包申请材料,但来信中要求我在申请该系时除了支付在我看来十分昂贵的申请费外,还要加付寄出这包东西所花的五美元邮费。由于我付不起这些钱,加上斯坦福这所名校对托福的成绩要求是“尽可能地高”,我估计申请无望,就放弃了它。而约克教授这边,我一直没有获得约克教授或他所在系的任何回应。

李天岩教授则给了我第三种待遇。我是1985年1月24日给他写信的,他很快于2月11日用繁体中文回了我一封信。这封信后来连同其他信我都带到了美国。几十年来,我一直保存所有人的来信,给我的回忆和写作带来了方便。因为这是他写给我的第一封信,有必要记录在本书里。信的开头称我是“丁玖同学”,结尾以全名自称,但加了我那时在信中很少见到的“敬上”二字,让我感动。信的内容是:

> 一月二十四日来函接悉。你的信我已转给系里,我想他们会尽快把申请表格寄给你。向我们系申请助教奖学金 TOEFL 成绩必须超过 550。我想你的 TOEFL 成绩若能达到此标准,奖学金当不成问题。
>
> 我将于六月十日左右到达广州。另外,北大数学系、力学系和科学院理论物理研究所联合邀请我去北京(这和固定点运算无关)。我在国内大约停留一个月。
>
> 希望你能将你的两篇论文寄给我。

在信中,李教授大概按照台湾数学界的习惯,将大陆翻译为“不动点”的英文数学术语 fixed point 写成“固定点”。我从他笔端的口气看到了出国的希望,但对他让我给他寄去我信中提及的我写的两篇数学小文章,也有点忐忑不安,不知能否得到他的赏识。我马上照办,在回信里夹了文章,静候回音。我渴望听到佳音,并能在6月去广州聆听他的讲座。果然他写于 3 月 13 日的下一封信很快翩然而至,上面的第二句话就是“我已经向系里替你保留了助教奖学金的名额”,并叫我“赶紧用力准备下一次的 TOEFL”,而且关照我“知道考试成绩以后,不管过没过赶快把分数告诉我”。我迫不及待地读完后,大喜过望,深感自己的好运气。我注意到这封信的签名稍有变化,李教授仅仅写了“天岩”二字,省去了姓,好像我已经是他的老朋友了,足足让我愣了半天,因为在那之前我还没有见到我所尊敬的长辈或师长给我写信时是如此签名的。

有了这样好的开端，我就报名参加5月份在上海外国语学院(现上海外国语大学)举行的托福考试。由于我家没有美元(那时几乎每家都没有外币)，于是对我一直关爱有加的何旭初先生亲自出面，动用了他的声望，为我向学校借了26美元，付了托福考试费。在备考的那几个月，我在教书之余，无论在家还是在学校都找机会戴上耳机听英语，重看薄冰(1921—2013)教授的《英语语法手册》，加强阅读理解能力。我马不停蹄地努力着，冀望考过550分的大关，顺利越洋成为李教授的学生。5月份的托福考试我发挥大致正常，包括听力部分，我知道这部分我的考分会偏低，因为临时抱佛脚的短期听力训练，不可能让我一飞冲天。我在考试那天(5月11日)的日记中记载道："听力部分我未能发挥最好水平，其它两部分尚可，估计500分不成问题，也许能达到550分。"实际上，我考出了557的总成绩，据说是本系历史上到我为止的最高分。但是我的弱项听力的子分数只有45。如果语法和阅读理解其他两项也是这么低的话，总分就陡降到450，可见我当时积极恶补的英文听力不是一般的差！

托福考试的任务完成后，我下一步要准备的事就是下个月的广州之行了。我和李天岩教授师生缘分的真正初始点就在那里。

△ 第二章

羊 城 初 见

在给我的第一封来信中，李天岩教授就告诉我，他祖国之行的首站是广州（他访问的学校是南方学术重镇中山大学），然后要去北京大学和中国科学院理论物理研究所等单位。这是出生于福州的他自三岁随父母去台湾后第一次回到祖国大陆，在一个半月的时间内，他走访了将近十个城市和数目更多的著名大学及科研院所。

中山大学的邀请人，就是在该校数学系执教的王则柯老师。他虽然比被邀请者李天岩教授大了几岁，但由于国内改革开放前十多年的职称冻结，当时还只是个副教授。不过那时大学里和他资格差不多的老师绝大部分还是讲师呢，哪像现在，三十岁出头的正教授、二十多岁的副教授比比皆是。

这一次李天岩教授的到访，王则柯老师事先通知了我，也通知了武汉大学数学系硕士毕业后留校的曾钟刚，曾钟刚比我更早进入单纯不动点算法的研究领域。之前正因为王老师的介绍，我们俩开始了通信联系。很巧的是，后来我们同一年去了密歇根州立大学，成了李教授门下的师兄弟。

何旭初先生对我那段时间和李天岩教授的联系了如指掌，因为我一直向他报告申请进程。当我向他表达我极想去广州参加李教授为期一周的学术讲座的愿望后，他热烈支持我的想法，觉得这是一箭双雕之举：既能学到同伦算法最新的研究成果，也能直接和李教授面对面地交流，顺便了解到更多有用的“留学须知”。何先生甚至建议我坐飞机去，因为那时只有上海的火车通广州，从南京出发坐火车去广州只能先绕路上海，前后路上要折腾三十多个小时。

6月8日，我从南京飞到广州，住在正在中山大学攻读大气科学硕士学位的两位南大气象系毕业生金均和米屹所在的男生宿舍。他们是我太太的大学同班同学，自然对我这个校友兼“女同学的先生”表达了友好的关心和照顾，让我有宾至如归之感。当天我与王则柯老师的硕士研究生高堂安第一次见面。他后来也成了李天岩教授的弟子，并于1999年获得博士学位。高堂安告诉了我王老师的新居地址，于是第二天周日上午，我骑自行车去拜访了王则柯老师。我在当晚的日记里描绘他为李教授讲学“忙得无精打采”。

当晚，李天岩教授由台湾经香港抵达广州，我和他的终生缘分之旅就从那里起步。当然，更多愉快的故事发生于那一周我和李教授的近距离接触与交流，尤其是课堂提问和解答的学术互动以及课后关于数学和人生的私下交流之中。

但是，在本书的主角正式登上舞台前，我要先简单介绍一下他的“个人履历”。

李天岩教授祖籍湖南，1945年6月28日出生于福建省沙县。他的父亲李鼎勋(1900—1975)博士早年留学日本东京帝国大学医学院，获得医学博士学位，1934年回国后任教于湖南湘雅医学院，

1939年起任福建省省立医院院长。1948年在内战正酣之际，李天岩的母亲不听亲友们对局势的各种猜测和判断，带领孩子们去台湾与已在那里的丈夫会合，避免了家庭成员之间的潜在长期分离。李天岩在台湾接受了传统的中文教育，后来成为清华大学在台湾新竹重建后的第一届数学班学生。1968年，他毕业获得理学学士学位，成绩在班上名列前茅，然后在军队服役了一年。1969年，他去了美国，进入马里兰大学继续自己对数学的追求，在约克教授的指导下于1974年获得博士学位。

1974年的美国可不是找大学教职的好时光，但是80年代初那几年的情形却恰恰与之相反。李教授的首位博士生朱天照1982年毕业找工作时，邀请他去大学校园面试的电话铃声响个不停，最后他都不想再接了，便接受了北卡罗来纳州立大学数学系的助理教授位置，六年后就晋升为正教授。可是，时间倒退到八年前，当李天岩拿到博士学位时，尽管其三大数学贡献都已成形，但都还没有发表。学术界“僧多粥少”的黯淡教职前景，让李天岩只能先去西部与沙漠为邻的犹他大学当了两年讲师。两年后，他和导师的划时代文章《周期三则意味着混沌》问世，其他两项大成果也快要出笼，他的学术声誉很快冉冉升起。于是密歇根州立大学向他抛来了橄榄枝，聘他为正式的助理教授，即未来可以被考虑终身聘用的助理教授，英文名称是Tenure-Track Assistant Professor。

之后，李天岩教授的学术生涯一帆风顺，但身体与疾病之间的几十年相互厮杀也让他的一生成为传奇。1979年，他成了享有终身聘用资格的副教授，1983年晋升为正教授，1998年被任命为密歇根州立大学具有本校最高荣誉的“大学杰出教授”(University Distinguished Professor)，直到2018年正式退休，改任荣休大学杰出教授。

李天岩教授一生获得了许多重要荣誉，其中最有名的是1995年获得的享有盛誉的古根海姆奖(Guggenheim Fellowship)。对全美的数学家而言，每年一般只有六人得此殊荣。此外，他1996年获得密歇根州立大学的杰出教授奖和数学系的弗雷姆(Frame)杰出教学奖，十年后获得密歇根州立大学自然科学学院杰出导师奖。他的大学本科母校也没有忘记他，他得到2002年新竹清华大学理学院的杰出校友奖以及十年后更高一级的新竹清华大学杰出校友奖。

现在回到35年前的那个6月。我到达中山大学的第二天是6月10日星期一，也是李天岩教授讲座的第一天。上午九点，王则柯老师请了本系一位数学行家为听众讲了预备知识:微分拓扑。下午两点半，在王老师的陪同下，李教授到场。从他一跨进教室，我就细致地观察他的一举一动，想把现实中三维的他和信纸上二维的他比较一番。一开始从他的神态中，我看到的仅仅是"颇有威严"甚至"有点傲慢"。只见他的眼光像剑一般似的在人群中一一扫过。我在当晚的日记中忠实地白描了他给我留下的第一印象:"他高大、粗壮、肤黑、不平坦、细眼，有傲气，冷眼看人。"简短的"开幕式"自然是主持人介绍主讲人。听众中除本校本系的部分教师和研究生外，还有来自武汉大学(雷晋干教授的硕士研究生曾钟刚等两人)、杭州大学(王兴华教授的弟子宣晓华等两人)等校的青年教师或研究生。然后王老师向李教授一一介绍每位听课者。当介绍到我说"这是南京大学的丁玖"时，我看见李教授从座位上站起，主动走到我的面前，我赶紧站起来，与他握手。我内心顿时产生得意之感，因为我是在场他唯一握过手的听课人。

李教授在讲座前先发表了一通宏论，意思是从事计算数学研究的人，一定要亲自动手上机算题，切忌空谈。这是他来自自己十二年前第一次真刀真枪上机计算，创建现代同伦算法的经验之谈、肺腑之言。后来当了他的学生乃至离开师门后，我也常听到他类似的强调。他也批评过计算数学领域的一些有名教授从不上机算题，“纸上谈兵”。正式开讲前的这第一个半天，他还告诉了我们有关做学问的思想和方法，我觉得很有启发。

之后的三天，李教授每天上午九时起讲课半天，下午自由行动。第一个上午的讲座听下来，我就满有收获之感，佩服他知识的广博。从与他见面的第一天起，从第一次听他的讲演起，我就知道他是个极会表演的好老师。他的讲课方式十分精彩，从发音到举止处处激情四射，完全吊起了听众的胃口，大家都听得很带劲，从外地赶来的我们都觉得不虚此行。他讲课时手舞足蹈，肢体语言极其丰富。我在南大读本科时，教线性代数的林成森老师课讲得也富有激情，声情并茂，但在课堂上即兴表演“指手画脚”的动作幅度可能还“稍逊风骚”；教我硕士基础课“非线性方程组数值解”的沈祖和老师也是讲课高手，解释清楚，但发音声道振幅频率“抑扬顿挫”的高低起伏可能还“略输文采”。总之，李教授的讲课风格把我迷住了，而且这个风格也是我一直孜孜以求并在我当时及后来的教学实践中有所反映而得到学生们普遍赞扬的。来广州之前的一个月，系里为了保证我有充足的时间准备托福考试，放了我几天假，请了一位数学水平很高、也像我一样研究生毕业留校的教师代我的课，让我一心一意地脱产训练。我回校继续教书时，听说学生很怀念我上课时的形象，让我顿生自豪感。

那周李天岩教授的讲座内容主要是计算数学，讲稿是他两年前在台湾开讲座时写好的，与他三大数学贡献之一的现代同伦算法密切相关，这也是他那时以及之后几十年直至退休为止的主要研究领域。在求解多变量多项式方程组的同伦延拓法这一有重大实际用途的研究领域，他是世界范围内的领袖之一。他曾经说过，多项式不仅现在有用，两百年后还是有用！

到了讲座的最后一天即周五上午，他离开了计算数学的主题，给我们做了一个关于混沌的专题报告，介绍了自然科学里出现混沌现象的那些最基本特征，讲述了“李-约克混沌定理”的两个结论，这是他一生最伟大的工作。那天中山大学校长、从吉林大学调去的计算数学家李岳生（1930—　）教授也赶来听报告，可见他的“混沌”影响力有多大。那时的我囿于大学实行的死板修课制度，一方面是深入自己的研究领域死命钻研，另一方面则是对其他学科的前沿知识和研究热点知之甚少，狭窄的知识面导致我只懂得一点同伦，不知道何为混沌，对动力系统的现代理论更是一无所知。这一次，我初步知道了什么是混沌。他在广州所做的科普讲座在我的头脑里播下了“混沌”概念的种子，始料不及的是，五年后这颗种子在我的博士论文中开花结果。

当天下午，李教授给中山大学的数学系学生做了他广州之行的最后一个报告。这是一场公众演讲，主要是回顾他在混沌动力系统和现代同伦算法两个领域中那两篇开创性论文的写作经过。这也是我第一次听李教授亲口讲述混沌故事和同伦故事，他的生动演讲让我们听得津津有味，如痴如醉，兴趣盎然，大开眼界。来广州前我原以为他仅仅是画同伦曲线的高手，没想到他在另一个与同伦风马牛不相及的领域名气更大，对他的敬佩油然而生。不过他并没有接着讲他的第三个开创性数学工作的历史因缘，即他是怎么求解美国“氢弹之父”乌拉姆(Stanislaw Ulam,1909—1984)提出的“乌拉姆猜想”的。这项工作也是他在三十岁前完成的杰作,成了“计算遍历理论”的一块奠基石。我是迟至1988年和所有师兄弟们共同选修了他的那一学年高等应用数学专题“[0, 1]上的遍历理论”后,才对它有所了解,并戏剧性地写出了与之有关的博士论文。

像一切优秀的演讲者一样,李教授实践了美国数学家和数学史家克莱因(Morris Kline,1908—1992)所提倡的“好老师应该是好演员”,不时与坐在下面的我们互动,提问题时的目光充满着期待。听讲座一周,我们几个年轻的听众也很争气,基本回答对了他即兴吐出的一些与讲座内容密切相关的数学问题,没有让李教授太过失望。我的日记中写下了自豪的一句“上课时他提的不少问题我都答对了,我很高兴”,以至于我和他晚间聊天时,他竟以为我已是“讲师”,这大概奠定了他决定收我为徒的基础。

上世纪80年代,中美之间差距较大的经济发展和生活水准,也在李教授的讲座过程中充分显现。广州的6月天气已经很热,几十年来已经习惯于夏天无空调甚至无电扇的我们,坐在教室里听讲不会感到太辛苦,毕竟我经历过大学同寝室九位同学共度炎炎夏日的苦日子。但是这样的环境对李教授是个考验,他一会儿就讲得一脸是汗。那时,即便女性,大概也没有随身携带的擦脸纸。王老师心疼李教授,赶紧走出教室,好不容易找来一点点擦脸纸。这个小小的细节,印在我的脑海里,一直没有褪去。那时,我根本不知道外表壮实的李教授实际上体质不佳,因为他早就换了肾,身体里唯一工作的那只肾是他的胞妹四年前贡献给他的。我观察到的只是,课间他经常要去洗手间。

我和李天岩教授未来“师生缘分”的种子大概在我和他的第一次私人交谈中播下。周一下午的课间休息时，他主动问起我的托福考试情况，告诉我他离美前收到我上月17日报告他托福已考的信。写那封信也是何旭初先生之前提醒我不要忘记的，尽管我尚不知道考试成绩如何。周二下午的讲座结束时，我和李教授约定当晚七点半去外宾招待所他的房间会面。事实上，那一周我去他的房间交谈总共三次，分别是周二、周四的晚上和周日的早晨，前两次最长，都聊到九点以后，每次将近两小时。现在回想起来，那一周他在中山大学除了讲学，也有些游览活动，还要见一些学术同仁，比如周五上午他离开广州之前我去和他告别时，就见到一位姓周的副教授在场，为何他舍得为我一人不吝花费这么多的时间？须知他是个惜时如金的美国教授呀。

我在日记以及给太太的信中详细记下了我和李教授交流的有趣内容，连他的房间号都记录在案。在他和我一问一答的首次交谈中，我们聊了许多话题，他先问我何时高中毕业，何时读大学，是何地人。之前的下午片刻交谈，他已经从我的喉咙里发觉我“口音很浓，乡音重”，我则发现他的中文说得很标准，字正腔圆，自叹弗如。我当年谋生太早，在工厂工作时全说家乡话，进了大学，很难改正，成了全班“乡音未改”的第一人。1986年我去了美国后，李教授又一次问我，“你说的是哪里话？”我回答道：“大概是混合了南京腔的扬州话”，毕竟我在南京生活了将近八年。

但是，除了感到李教授对我的口音稍感陌生外，我发现在几乎所有能聊的地方，我们都能聊，没有什么障碍，尽管他和我生活在不同的社会，他是美国的名教授，而我是中国的小硕士。这是我第一次与海外华人交流，却发现我们聊得非常投机。第一次单独交流不久，我们的话题就开始扩展开去，从数学谈到人生，从他的年龄（当月28日恰好40周岁）说到丘成桐（1949—　）的岁数（两个月前刚进入36周岁）。知道了我的基本信息后，他也把他的家庭出身向我和盘托出，我这才知道他有湖南人的血统，但生于福州，因为他的父亲那时担任福建省省立医院的院长。他也告诉我他1948年去台湾，1969年去美国。他甚至把他在国内的行程也告诉了我：周日离开广州飞北京访问后，他还要去长春，然后再回北京，之后依次去西安、上海、杭州、福州，再经由广州去香港，7月22日从那里飞回美国。

我一听他将去上海，便建议他抽一天时间顺道访问南京，我可以请何先生或数学系其他领导邀请他做个演讲，我确信他的报告绝对会打动听众。李教授坦承，他对大都市上海不甚感兴趣，却很想游览六朝古都南京。他毕竟生于民国，其父也为那时的一方政府医官，肯定对民国时代的首都甚感兴趣。尽管他的同门师兄兼同事周修义（Shui-Nee Chow，1943—　）教授于80年代初，应同为动力系统专家的南大数学系系主任叶彦谦（1923—2007）教授之邀，为叶先生的弟子们教过一学期的研究生课程，但是李教授自己却对这个系不甚了解，也以为南大数学系对他同样不了解，便向我询问我系教师的情况和专业的设置。其实南大数学系的老师们早就知道李教授了，几个月后我出国前告诉叶先生，我将去密歇根州立大学跟随李天岩教授读博，叶先生马上回答道："好哇，李天岩的学问非常高！"可惜由于李教授首次回国的学术安排太满，他于7月8日访问复旦大学时挤不出时间顺访南京大学。不过这个遗憾到了两年后他再次访问大陆时得到了弥补，只是那时我已赴美留学一年半了，无法亲自陪同他去中山陵瞻仰孙中山先生的衣冠冢。

交谈中，我惊讶地发现李教授对国内过去几十年发生的事件非常了解，他甚至还问及我在“文革”中有没有加入“红卫兵”。他的许多话妙趣横生，笑谈中让我知道了美国读书生活的一些趣闻。譬如他告诉我，读博士时倘若没有考过“资格考试”就送你一个硕士学位。在他眼里，在美国仅拿硕士“是失败的标志”，而“博士资格考”一般只考线性代数、复变函数等基本的东西，“是考美国笨蛋的”。第一次单独会面，我和他无拘无束地聊到晚间九点半，因恐怕他太累而告辞。那晚回到住处，我写的日记超过了三十行。事实上，近两个小时的直接接触，让我惊喜地观察到，李教授是我十分欣赏的各方面比较全面发展、有丰富知识和良好文化品位的学者，而不是我当时常常见到的以陈景润为典型的书生一个。我从小到大都喜欢博览群书，数学和人文在我的心目中地位等同，加上我的大学也没有白读，人文和数学都没有浪费掉南大图书馆丰富的藏书资源，所以我能和他“谈得来”。而李教授则和美国大学录取新生的面试官一样经验丰富，要通过天南海北地侃大山，把我从里到外瞧个遍。我想他也不希望他的学生仅仅是个唯唯诺诺毫无思想的书虫。胸有成竹有备而来的我，应该是通过了他的初试。我的直觉告诉我，他开始喜欢上了我，当然我更希望这位刚刚跨进不惑之年门槛却已成就斐然的“青年数学家”能指导我未来的博士论文。李教授甚至向我保证，若我的托福达到550分，入学绝对没有问题。我告辞时，他爽朗地对我说：“我回美国后就去查你的托福成绩。”我听后内心好不得意，第二天就急忙给太太写信夸下海口：“我很可能今年9月底入学”。当然，这仅仅是“可能”，因为我还不知道我的托福成绩能否冲过550分大关。

隔了一天的下午四点，其他几个年轻的听众，包括来自武汉大学也和我一样想出国读博的曾钟刚，陪同李教授去了本市的中山纪念堂等处游玩。之前王则柯老师和我们说过，李教授愿意今后帮几个真正用功的学生留美，自然他们也和我一样希望与李教授多接触，多了解一些美国的“大学概况”和“风土人情”。因为没人通知我，那天的午后我去了中大的外文书店，买到一本《美国口语》，又见到一套漂亮的南京明信片，就给李教授买下来，让他先看一看当代南京的风光。傍晚后，我再次拜访了李教授，送了他这套明信片，他很喜欢，包括前一天我送他的南京雨花石。当然他最喜欢的是家父临时给他写的一套四幅“真草隶篆”书法，我答应待我裱好后送给他。

1985年6月李天岩教授与丁玖(左)、曾钟刚(右)在广州合影

那晚，我们聊得更多的是美国的生活。他告诉我，在美国生小孩不成问题，那个国家是儿童的世界，一切为了儿童，到高中都是义务教育。我去“勤工俭学”读书每月可有800美元收入，而当时像王老师这样的公费访问学者，国家也只能提供每月400美元的生活费。

当聊到拿到博士学位后的去向时，他告诉我，他毕业时先申请了回台湾清华大学，但后来未走成，留美工作。而来自台岛的一些因不想留美工作或在美国找不到雇主而只好打道回府的博士硕士，却因为“亚洲四小龙”之一台湾的经济腾飞而发了大财。他留美工作后要生子买车买房，“银行欠债”每月要还，只好“独在异乡为异客”了。他知道我学成是要回南京大学教书的，但当我提到南大答应借钱给我们这批“自费公派”留学生购买越洋机票时，他反问道：要是不回去呢？后来真的被他不幸言中，我和他一样留在了美国教书，但我早就归还了南大借给我的托福报名费和单程机票款。那晚，他甚至还替我设计了赴美的飞行路线：上海—旧金山—芝加哥—东兰辛或上海—纽约—底特律—东兰辛。第二年元旦，我的确走的是他的第一套方案，因为我发现那条线的票价最低。

可是，当我隔了两天的周日早上九点再去拜访李教授并与他告别之时，在简短的谈话中我以敏锐的嗅觉嗅出了一丝令我不安的味道。他再次强调，密歇根州立大学对外国学生的托福要求严，因为它作为本州政府用纳税人的钱兴办的主要公立大学之一（另一个是名气更大的密歇根大学），要对州内居民的子女肩负起合格高等教育的责任。而学生普遍反映带有外国腔的研究生教学助理（graduate teaching assistant；在本书简称“助教”，但与中国大学里的助教职称内涵不一样）英文较差，教不好美国的大学生。他建议我若不急于去美国读学位，是否可以10月份再考一次托福。我心中暗暗叫苦，答应他如果这次考得不很理想，可延至明年1月入学，抓紧这段时间重点攻下英文听说堡垒。当我听到他叫我“多联系一些学校，其他学校托福要求低”，我突然感到入学之事有了危险。我思忖是否因为这次没有和他讲英语，使得他以为我英文特别差？可能正确的答案直到五年后我离开师门前夕才不期而至。

9点45分，王则柯老师和周作领老师来送他去机场。我帮李教授把他的行李箱拎到楼下，与他握手告别。带着几天来满怀收获的美好印象，也带着刚刚涌起的心头惆怅，我和李天岩教授的羊城初见落下了帷幕。

因为翌日上午我将坐火车经上海返回南京，当晚我去了王则柯老师家和他告别并当面再次感谢他。第二天，我开始了历时几十小时的铁路旅行，幸亏有那本名叫*Life in Modern America*（《现代美国生活》）的英语口语书相伴，才让我的归程不至于太无聊。

到了8月上旬，我才收到我托福557分的官方成绩单，三部分中最差的自然是听力，只拿到区区45分，另外两部分语法63分和阅读理解59分还马马虎虎。托福总分的计算公式是三个子分数加起来乘以十再除以三。这个总分居然打破了南大数学系当时的纪录。我的南大数学系同时留校的伙伴们马上向我祝贺，甚至纷纷向我取经，以期获得赚取“高分”的秘诀，让我小小得意了一番。其实这个分数在其他系是“拿不出手”的，化学系或者计算机系的人能考到590分以上。这反映出我所代表的数学系毕业研究生的普遍现象：英文大都不及其他理科系的人，尤其是听说能力。原因之一是我们平时啃深奥的数学书花了太多的时间，导致冷落了英文。虽然我的托福总分大大超过了密歇根州立大学录取要求的最低分数480分，也达到了获得助教奖学金的下界550分，但听力部分却没有踏上52分的最低台阶。那个时代，除了极少数的“公费出国”幸运儿，绝大多数人从未想到出国读书，所以直到准备考托福之前，我从来没有训练过英语听说，因此几乎成了考场上的聋子。事实上，到我为止，我系还没有人托福考试的听力分数爬到52分。

正因为托福听力没有达标，密歇根州立大学的外国学生录取办公室甚至都没有把我的申请材料送到数学系，而是打入冷宫。李天岩教授于7月下旬回到美国，在系里查不到我的申请档案，只好奔到学校位于国际中心的外国学生录取办公室询问，方知其中缘由。他于8月1日给我写信，说由于我的托福成绩“第一项没有超过52，所以系里无法让你秋天入学。希望你10月份的TOEFL

好好考”。这封与我的托福成绩单同天到达的信件像一盆冷水，浇在我刚刚因同学的好意奉承而稍微发热的头顶上，令我大为沮丧。但是我已经是力不从心了，无法报名再考一次。我在当年初春季学期开学后的日记中，记载了许多为了能报上名考托福和校方有关人员交涉多次的情节，最后如果不是因为何旭初先生亲自上阵，出面和校外事办公室的领导协商，好不容易替我拿到一张托福考试报名表，我这个小小的青年助教绝不会被很快批准，获得5月份那场托福考试的名额。因为我既没有美元，又不可能从南大再次借到考第二次托福的26美元报名费，更不好意思请何先生再次出山为我向学校求情，我知道自己那年绝无可能再考。此外，本校还有许多想自费公派出国深造的年轻硕士排着队在等待考试呢，我怎么好意思半年内连考两次？

情绪低落的我只好马上回信李教授，向他如实反映目前的困难，请求免考，延到春季入学。李天岩教授去世后，去他办公室整理遗物的高堂安告诉我，那里有一个档案夹放的是我给他的以往信件。高师弟应我所求，寄来了这个档案夹的内容，收到后我的心弦又一次被深深触动。有几封信读得我几乎再次掉下眼泪，或许我的泪水已在6月25日接到他离世噩耗那天已经流干了。我的这封写于8月12日字迹工整的回信正保存在这个档案夹里，信中既表达了对李教授帮助我的感激之情，更发出了急切赴美读书的声声请求，我当时的心情全在笔尖上倾泻而出：

尊敬的李教授：您好！

来信收到，非常感谢您专程为我查成绩，我也刚收到成绩单（我是按要求写上您系的号码的）。我557总分是我系至今为止的最高分，但由于准备时间短及临场紧张，听力未能达到您校标准(我系至今未有人听力≥52)。秋季是不能入学了,我多么想明年一月来您处呵！您希望我考好10月份的TOEFL,但由于下次考试校内外申请者剧增,我校每个系只能有1—2个名额(和学校借$26)。我系已决定了两个名额,因我上次已由学校垫了$26考试费考了,这次当然没有再考一次的资格！故我几乎不可能下次再考了。不知您能否和系校通融一下,让我免考。我相信在余下的五个月中定能在口语及听力上达到要求。倘若在春季入学,我想决不会给您丢脸的。我不想再联系其他学校了,一则您上次的广州讲座更增加了我跟随您的决心;二则即使有其他学校肯收我,也要至少在明年秋季入学,我真难以忍受长时间的等待。假如您校坚持听力不够标准而不能教书,有无可能暂时先担任改本子、答疑等工作?

几个月来,您一直为我的求学操心,给了我很大的勇气和希望,这在我一生中是难以忘怀的,以至于我无形中对您产生了一种依赖感,所以我非常希望您能尽自己的最大可能再帮我一把。

盼望早日得到回复,盼望早日得到我梦寐以求的喜讯。

敬祝

研安！

丁玖敬上,1985年8月12日

我清楚地知道我在信中的恳求多少有点非分之想,对按章办事的美方学校是个不尽合理的要求。但是,我既然已决心出国读书,就绝不甘心轻易言败,而要抓住机会实现理想。我听别人说过，美国有的大学，因为地处偏远，或所属州的宗教传统对居民的吃喝玩乐限制较严，致使部分州外学生不太愿意去，只好将录取门槛略微降低，吸引考生。我还记得在广州时李教授曾经说过其他一些学校对托福要求低一点。但是我并没有在信中向他提出，万一系里不肯收我，能否请他把我先推荐到托福成绩低于密歇根州立大学的学校，等去那所学校待了一年半载英文进步后再转学。我是一心一意投奔他的，破釜沉舟就此一举，但前途未卜，心中无底。信发出后，我做好了暂时去不了美国留学的心理准备。

真是应了“山重水复疑无路，柳暗花明又一村”这句古诗。9月7日下午我去系里办事，和我一样申请密歇根州立大学的一位同事的太太告诉我有一封来自美国的信件。我一震：是喜，是忧？但此信已被和我同住一室的同学代为取走。我慌忙回宿舍，一进门，两位老朋友——我的硕士师兄弟倪勤和气象系的留校硕士彭沛森就向我祝贺：我已被密歇根州立大学录取，明年1月2日入学。我惊喜若狂，赶忙读信。信是数学系的研究生事务主任普劳金（Jacob Plotkin）教授于8月29日写来的，从头到尾如下：

Dear Mr. Ding:

I have discussed your application with Professor T. Y. Li. Since you have such a strong record in mathematics, we want to recommend that you be admitted into our program in winter term of 1986 which starts on January 2, 1986. Because of the 49 score in one section of your TOEFL exam your admission will be provisional. This means that you may be required to take English classes when you arrive here. The language classes required (if any) will be determined by our English

Language Center.

Your application fee is being paid by our department. If you have any questions, please write me.

Yours truly,

J. M. Plotkin

Director of Graduate Affairs

信的内容我那个月前前后后读了无数次,背得滚瓜烂熟,35年后我还记得一清二楚,倒背如流,就像读初中时熟记于心的那些伟人警句一样,其中文翻译当晚就记录在日记中:

我已经和李天岩教授讨论了你的申请。因为你有这样强的数学记录,我们想推荐录取你于1986年冬季入学,开学日期为1986年1月2日。因为你托福考试中有一部分成绩为49(丁注:系45之误),你的录取是预备性的。这意味着你到达后可能要修一些英文课。所要求的英文课(假如你必须修的话)将由我校的英语中心决定。

你的申请费已由我系付了。如有任何问题,请写信给我。

这让我大喜过望。信中明白指出这是由于李教授的大力推荐才起了决定性作用,我心中的感激之情难以言表。自然,我也注意到了信中将我托福听力考分"拔高"了4分的笔误,疑心会不会因为误以为我听力分只比达标的52少3分而破格录取了我。

到了下月我的27周岁生日那天,普劳金教授给我签发了正式的录取函,并说明我获得助教奖学金所承担的工作在第一个学季可能是改习题本子。这封信让我彻底放了心,因为资助的问题解决了。尽量不花父母的钱是我从小树立的人生原则之一。自从高中毕业14周岁后进厂干活起,我就基本上靠自己的劳动所得养活自己。在南大读本科时，我失去了工厂的工资，但享受了国家每月17元左右的二等助学金，主要开支是伙食费，因为那时不缴学费，不付住宿费。虽然每学期我去南京前父母都给我钱，但大多数的学期结束我回家时，带回的几乎和他们给我的钱一样多。读硕士研究生时，每月有50多元的津贴，我第一学期就从南京扛回一台新的12寸黑白电视机，并负担了其一半的价钱。去美国读博士后，我勤工俭学的收入不光轻松养活了自己，而且还资助了父母等亲戚，给他们购买了每年四大件彩电冰箱之类的"出国留学人员免税商品"。

之后的两个半月，我马不停蹄地为赴美做各种准备。因属于自费公派，南大派我去上海外国语学院进行一周的政治集训。上海外事办公室也统一办理了我们参加人员的因公护照。当有生第一次拿到在心目中有神圣感的护照时，看到上面写着的"外交部长授权颁发"字样，似乎觉得自己摇身一变，成了一名外交人员了。因为普劳金教授的信中说到学校要寄给我用于自费留学的F-1签证，而教育部规定自费公派留学人员必须以访问学生的身份出国，故十万火急的我花了大约月工资四分之一的21.60元钱，跑到南京电信局大楼向李教授家里打了三分钟国际长途电话，请他火速通知校方改寄用于持J-1签证访美的IAP-66签证申请表。到处奔波的我最后还做了一件好事，就是帮来自上海复旦大学在布朗大学获得博士学位、正在与密歇根州立大学周修义教授合作研究的一位博士后，带他四周岁大的宝贝女儿去全家团聚。

这样，一根注定由"师生缘分"定义的同伦曲线，以中山大学的校园为初始点，将我与大洋彼岸的李天岩教授系在一起。1986年元旦那天，我带着对未来的无限憧憬，飞到美国，第二天到达密歇根州立大学，开始了在美国近35年的留学和教书生涯。

第三章

三 大 杰 作

要想充分了解李天岩教授,首先就要熟悉他的主要科学工作以及他获得成功背后的深刻思想、背景材料和启迪故事。在半个世纪的学术生涯中,李天岩教授勤奋不已,钻研不辍,在应用数学和计算数学的几个领域,发表了许多重要的论文,奠定了他作为所在学术领域领袖之一的地位。但是,他最伟大的数学贡献、他最让人激动的三大成果,却都是在他30岁前完成的。这从某种意义上验证了一句断语"数学是年轻人的事业"。这句话是英国上世纪著名的纯粹数学家哈代(Godfrey Harold Hardy,1877—1947)在其脍炙人口的随笔集《一个数学家的辩白》(*A Mathematician's Apology*)中所表达的坚定信念。

让我们先从"周期三"谈起。一提到"三",不仅会让人想到与三有关的众多成语,比如极富哲理的"三人行必有我师""三思而行"或"三缄其口",而且还会让人记起"道生一,一生二,二生三,三生万物"的老子名言。但是这些都与数学关系不大,与自然科学也没有多少直接的联系,顶多具有一些叫人谦虚谨慎或举首仰望星空的教育意义。

正如伽利略(Galileo Galilei,1564—1642)所说,“自然界的大书是用数学符号写出来的”,只有数学才能帮助揭示自然界蕴藏的最深刻规律。令人啧啧称奇的是,简单的数字“三”竟会揭示出自然现象从确定性走向随机性的一种规律,这在李-约克混沌定理中反映了出来。

在自然科学领域,混沌现象的发现与相对论、量子力学一起被许多科学家誉为20世纪物理学的三大发现。约克对“混沌”概念有过形象的说明:“生命中充满着小改变导致大变化的情形。例如说车祸,假如人们早个或晚个十秒钟出门,或许就可避免一场车祸。所以小小的改变可以导致很大的变化。”这也是中国成语“差之毫厘,谬以千里”之奥秘所在。

李-约克混沌定理首创了“混沌”的数学定义,开拓了整个数学界、科学界对混沌动力系统理论和应用研究的新纪元。该定理的结论是,如果一个连续的函数$y=f(x)$具有一个“周期为三的点”,按照李天岩教授1985年在中山大学的演讲中所描述的,则这个函数的一次又一次的无穷迭代就会产生“乱七八糟”的惊人行为。这里所说的“乱七八糟”是指函数多次迭代后的行为会变得毫无规律,就像当前世界遭遇新型冠状病毒所造成的全球大混乱那样。

函数$f(x)$的“周期为三的点”,指的是这样一个数a,使得函数值$b=f(a)$不等于a,函数值$c=f(b)$也不等于a,但函数值$f(c)$等于a。换言之,如果从a点出发开始迭代该函数,则连续迭代三次后又回到初始点a。看上去,迭代函数就像玩计算器不停地按一个固定键那样,十分简单。举个例子,你的计算器上有个标记为x^2的键,如果你输进一个“初始点”,比如0.5,那么不停地按那个平方键,就会得到一列十进制小数：

0.5，0.25，0.0625，0.00390625，0.0000152587890625，……

为什么这么简单的计算器按键活动，当有一个周期三点时，会搅得天下大乱？

1961年冬季的一天，分别在达特茅斯学院和哈佛大学获得数学学士学位和硕士学位的麻省理工学院气象学教授洛伦茨（Edward Lorenz，1917—2008），在用简易的计算机从事天气预报的数值研究时，无意中发现了现在大众语言所称的“蝴蝶效应”。他后来被人们尊称为“混沌之父”。但在整个60年代到70年代初，数学家们并不知道他这项意义非凡的工作，因为他们一般不会想到去读发表在气象学期刊上的论文。1972年，和约克教授同在马里兰大学流体力学与应用数学研究所工作的流体动力学家法勒（Alan Faller）教授，将洛伦茨大约于十年前发表的关于天气预报模型的四篇学术论文递给了约克，尤其是那一篇1963年发表在《大气科学杂志》（*Journal of the Atmospheric Sciences*）上的《确定性非周期流》（Deterministic nonperiodic flow）。法勒教授说它们的数学味很浓，一般的气象学家不一定读得懂，但可能对数学家的胃口。于是，约克教授和他的弟子李天岩饶有兴趣地阅读了它们。

1973年3月的一个星期五下午，李天岩来到导师的办公室。一见到他，约克教授就说：“我有一个好想法给你！”这个想法来自约克从洛伦茨文章中获得的灵感。在美国，学生和老师互开玩笑是常态。李天岩马上就回了一句玩笑：“你的想法是否好得可以上《月刊》？”“月刊”是全世界阅读人数最多的数学期刊、美国数学协会（Mathematical Association of America，简称MAA）旗下的杂志《美国数学月刊》（*The American Mathematical Monthly*）名称中的最后一个单词,也是数学界对该期刊的通常称呼。

当约克告诉弟子自己关于具有周期三点函数的猜想后,李天岩马上接口:“这对《月刊》而言确是一篇完美之作!”但是,猜想需要证明或证否,所以约克让李天岩试试能不能证明它。两周后,受过严格数学训练的李天岩,创造性、巧妙地多次应用初等微积分中的“介值定理”,证明了约克的想法真是一个好的想法。

李-约克混沌定理:

如果一个连续的函数具有一个周期为三的点,那么对任意一个自然数n,这个函数有一个周期为n的点,即从该点起迭代函数n次后,又首次返回到这个点。

更进一步,存在函数定义域中不可数个的初始点,从这些点出发的迭代点数列既不是周期的,又不趋向于一个周期轨道,它们的最终走向将是不可预测的乱七八糟,好像是个在定义域里无目标性地跑来跑去的随机数列。

这个定理的最后一句定义了什么是混沌,但是为了照顾一般的读者,我这里的叙述用的是描述性语言,其严格的数学叙述要用到关于数列的“上极限”和“下极限”概念。正如李教授去世后发表的讣告所说,这个定理因“创造性地把‘混沌’一词引进了数学而闻名于世”,而周期三所导致的迭代点数列之混乱性质,现在被全世界的学者们称为“李-约克混沌”。他们在《月刊》上发表的论文《周期三则意味着混沌》成了混沌动力系统这个现代研究领域中最富盛名的几篇原始论文之一。作为一篇仅有八页长的纯粹数学论文,它已经被引用了五千多次。美国普林斯顿高等研究院的已故理论物理教授戴森(Freeman Dyson,1923—2020),在他于 2009 年初于《美国数学会会刊》(*Notices of the American Mathematical Soci-*

ety)发表的爱因斯坦讲座演讲稿《鸟与蛙》(Birds and Frogs)中这样说:"在混沌领域里我仅仅知道一条有严格证明的定理,是由李天岩和吉姆·约克在1975年发表的一篇短文《周期三则意味着混沌》中所证明的。"接下来,他将李-约克论文誉为"数学文献中不朽的珍品之一"。

要了解李-约克论文,我们先来说说布劳威尔不动点定理。这个不动点定理在一维情形下可以这样叙述:

> 如果定义域为一个有界闭区间的连续函数的值域包含在定义域中,则该函数有一个不动点。

布劳威尔(Luitzen Egbertus Jan Brouwer,1881—1966)是一名极负盛名的荷兰数学家和哲学家。他最广为人知的数学成就便是这个定理的证明。1912年,他运用出世不久的拓扑学新工具"同伦",革命性地证明了该定理的二维情形,即平面上将单位闭圆盘映到自身内的任一连续映射都有一个不动点,也就是说,那个点在映射之下"我自岿然不动"。在两年前他甚至还给出了适用于一般维数的另一种证明,尽管于更早的1904年有人证明了同一个定理的三维情形,但光辉属于布劳威尔证明的思想和方法。世人遂将名誉送给了他,所以他的名字永远挂在了这个著名定理的脖子上。顺便一提,维数为1的布劳威尔不动点定理事实上等价于微积分学里的"介值定理",即闭区间上的连续函数若在区间的两个端点处取值异号,则在区间内一定有一个零点。而维数大于1的布劳威尔不动点定理的证明就只好求助于高维空间的拓扑性质了。

李天岩发现了区间映射布劳威尔不动点定理的一个"对偶形式",只要把前一句删去仅仅两个字"在"和"中",得到的依然是一个不动点定理,而且是证明李-约克混沌定理的一个关键引理!这样就有：

如果定义域为一个有界闭区间的连续函数的值域包含定义域，则该函数有一个不动点。

想到我这本书的大部分读者至少念过初等代数甚至初等微积分，所以学了一辈子数学的我又禁不住想采用数学符号，把上面的两个不动点定理像写教科书似的如下表达出来：

教科书不动点定理：

如果函数 $f:[a,b]\to[a,b]$ 是连续的，则存在 $[a,b]$ 中的一个数 p，满足 $f(p)=p$。

李天岩不动点定理：

如果函数 $f:[a,b]\to(-\infty,\infty)$ 是连续的，且定义域 $[a,b]$ 是值域 $f([a,b])$ 的子集，则存在 $[a,b]$ 中的一个数 p，满足 $f(p)=p$。

有趣的是，李天岩得到的这个不动点定理，虽然证明不难，仅仅用到微积分中关于连续函数的最大值-最小值定理和介值定理，却几乎不为人知，至少我在第一次读到他的文章之前，在微积分的教科书中没有见过。这说明创造性的思维可以导致新定理的发现。类似的例子也发生在他的导师约克身上。在下面将要描述的李天岩第二大数学杰作的故事中，有一个关键的不等式，以约克的名字命名。它为定义在一个区间上的"有界变差函数"的变差及该函数与定义域某个子区间所对应的特征函数的乘积的变差，建造了一座不等式桥，成就了一条现代遍历理论中堪称经典的"洛速达-约克(Lasota-Yorke)定理"。在该定理中，对应于子区间的特征函数是这样的一个函数，当自变量取这个子区间中的数时，函数值为1，否则为0。数学系的学生在数学分析或者实变函数论的难课中见到了若干有界变差函数的性质，却可能偏偏没有见到过这个“约克不等式”。约克教授2015年7月告诉我，他的弟子说他“不一定比他的学生知道更多的定理，但那无妨，因为他能创造定理”。

然而后来这么有名的李–约克论文，它的投稿发表历程却不平坦。或许受他弟子的那句话激励，或许他自己也希望让更多的人知道“周期三”奇迹，约克真的把文章投到《月刊》去了。但编辑很快将它退还了，因为该文过于研究性，不适合此期刊重点面向的大学生读者群。《月刊》和美国数学协会的其他几个期刊一样，对投稿文章的写作基本要求是“阐述性的”，否则就毫不客气地拒之门外，无论作者是否有名。因此，它们的拒稿率通常高达90%或以上，尤其是名气最大的《月刊》。编辑建议两位作者把原稿转寄给其他杂志，但加了一句话，若他们能把文章改写到一般学生都能看懂的地步，可以再投回《月刊》。这句留有余地的话并非多余，因为我的师兄李弘九(Noah Rhee)教授最近告诉我，《周期三则意味着混沌》据说是《月刊》百年史上被引用次数第二多的论文。然而，由于师生两人都忙，加上还没有完全预测到它的潜在意义，他们并没有马上去修改论文。文章的初稿就这样躺在李天岩的办公室抽屉里睡了一年的觉。

机遇到了。第二年是马里兰大学数学系的“生物数学年”。5月底，系里请来了普林斯顿大学动物系的一位姓“梅”(Robert May，1936—2020)的讲座教授演讲一周。梅教授影响最大的工作是彻底研究了生态学中带参数 r 的“逻辑斯蒂模型”$S(x)=rx(1-x)$的函数迭代，它给出了生物种群数目依时间变化的走向。他的惊人发现曾经发表在英国的《自然》(*Nature*)和美国的《科学》(*Science*)这样的世界顶级学术期刊上。后来他去了英国，担任过政府首席科学顾问和伦敦皇家学会会长，并被女王封爵。在那周最后的讲演中，梅教授报告了当参数r取某些位于3和4之间的值时，他所观察到的函数迭代数列的复杂情景，但他苦于无法对此作出合理的解释，甚至以为可能是计算误差在从中作怪。

在送梅教授去机场的车里，约克将他和弟子所写的文章初稿递给客人看。后者一读就恍然大悟，李-约克混沌定理澄清了他对自己的数值计算产生的那些疑惑。送客回来后，约克赶忙跑到李天岩的办公室喊道："我们应该马上改写这篇文章！"两周后文章改好，三个月后被《月刊》接受，1975 年 12 月发表。而梅教授于之前一年的夏季赴欧访问，演讲中到处宣传李-约克混沌定理，也让定理的发现者很快名满天下。

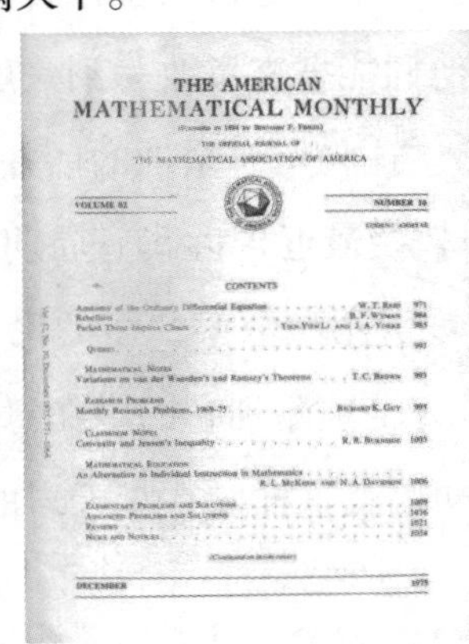
THE AMERICAN
MATHEMATICAL MONTHLY

THE MATHEMATICAL ASSOCIATION OF AMERICA

CONTENTS

DECEMBER 1975

刊登《周期三则意味着混沌》

一文的《美国数学月刊》封面

但是当春风得意的约克教授也去欧洲的会议上宣讲完他们开始出名的周期三定理，和一位波兰与会学者游览周围风景时，突然一位参会的苏联数学家喊住了他，并且声称约克的断言"周期三推出周期n"发言权属于自己。不懂俄语的约克在既懂俄语又懂英语的波兰伙伴翻译下，才听懂了这个诉求。这位乌克兰数学家沙科夫斯基(Oleksandr Mykolayovych Sharkovsky,1936—)几个月后从苏联寄到美国的他于1964年在《乌克兰数学杂志》发表的一篇论文,无可辩驳地证明他所言不假。李-约克混沌定理的第一个结论确实是沙科夫斯基定理的特殊情形,充其量是师徒作者独立地发现了他们证明出的那个“周期三推出周期n”结果。比如说,作为沙科夫斯基定理更一般结论的另一个特殊情形,如果连续函数有周期为5的周期点,则它有周期为任意自然数n的周期点,但n等于3可能除外。

然而,沙科夫斯基定理仅仅是一条具有很大数学意义的正确命题,在离散动力系统领域里占有一席之地,但它跟混沌的概念却风马牛不相及。事实上,李-约克混沌定理中关于不可数个初始点迭代数列奇怪行为的那个结论才擂响了混沌学新时代的战鼓。近十年前我因为写作科普书《智者的困惑:混沌分形漫谈》,与李教授就他的定理与沙科夫斯基定理之间的对照有过信件往来。他提醒我注意李-约克混沌定理中更广的如下假设条件:

> 存在一个点a,使得函数f在该点连续迭代两次都变大,但第三次的迭代值却不大于a,或函数在a点连续迭代两次都变小,但第三次的迭代值却不小于a。用不等式表示,就是$f^3(a) \leqslant a < f(a) < f^2(a)$或$f^3(a) \geqslant a > f(a) > f^2(a)$。

而通常人们所指的“周期三点存在”之假定只是适合这些条件的一个特例而已。由于他们文章的题目中只提到“周期三点”,教科书甚至一般文献常常只给出这个“简化版本”的假设,很多人因为没有阅读原始论文而对它一无所知。

李天岩教授接着对我说:“我们定理的更一般假设和沙科夫斯基的序列有一个很大的不同,可是这在应用上却有极大的差距。

好比说在种群动力学上，种群的第一代和第二代都是在增长，但是在第三代却突然大降，于是乎什么‘鬼现象’都可能发生，但是第三代的种群数要降到和第一代一模一样（意指周期三点存在）恐怕不大可能。从这个角度来看，沙科夫斯基序列也许比较适合放在象牙塔里。”从这里读者可以窥见他对数学研究的理念：数学家是仅仅证明定理的机器，还是发现自然界规律的助产士？

李天岩教授的第二大数学杰作也与“混沌”息息相关，不过研究的出发点从“确定性意义”转变为“统计性意义”，这就导致从概率的观点看混沌。“确定性”指的是，当逐次迭代一个函数时，只要当前的迭代点已知，则下一个迭代点一定是唯一确定的，因为它就是被迭代的函数在当前的迭代点上的值。但是对于混沌的函数，从一个初始点出发的所有迭代点组成的序列，其最终的走向却像一个随机数在某个区间中跳来跳去，似乎失去了“确定性”而变得“未来是不可预测的”。

举例来说，对于具有一个周期三轨道$\{\sin^2(\pi/7), \sin^2(2\pi/7), \sin^2(3\pi/7)\}$的“逻辑斯蒂映射” $S(x)=4x(1-x)$，我们知道，对几乎所有的初始点，其迭代点组成的数列在映射定义域及值域区间$[0,1]$上看上去杂乱无章地到处走来走去，导致最终的走向不可预测。1947年，美国的氢弹之父乌拉姆和他的亲密朋友、现代电子计算机之父冯·诺伊曼（John von Neumann，1903—1957）研究了下列统计问题：

> 初始点x_0的迭代点组成的轨道$x_0, x_1=f(x_0), x_2=f(x_1), x_3=f(x_2), x_4=f(x_3), \cdots$中的所有点位于区间$[0,1]$中的某一个子区间$[a,b]$内的“频度”为何？

例如，如果轨道的前10000个点中有4000个点落到这个区间内，则其相对频度为4000/10000 = 0.4。乌拉姆和冯·诺伊曼发现，这个频度恰好就是位于“概率密度函数”$f(x) = 1/\{\pi[x(1-x)]^{1/2}\}$的图像之下，而在区间$[a, b]$上方的那个“曲边梯形”的面积。这样，混沌映射$S(x) = 4x(1-x)$的迭代点轨道在区间[0,1]上的统计分布由上述的密度函数确定。这个重要的非负函数定义了[0,1]上一个关于S不变的概率测度，被称为映射S的“不变密度函数”。这些术语成为用概率统计的观点看混沌的最早数学成分。

到了1960年，乌拉姆出版了一本只有150页的小书《数学问题集》(*A Collection of Mathematical Problems*)。这本薄书却充满了数学思想，成就了许多数学家，约克教授和他的合作者、波兰科学院院士洛速达(Andrzej Lasota，1932—2006)就是其中的两个。乌拉姆在书中问道，若S为一个足够“简单”的映射(比如逐片线性映射或多项式映射)，其导数的绝对值不小于1，将一区间[0,1]映射到自身，它是否具有不变密度函数？为探索这个问题，乌拉姆在区间[0,1]上所有可积函数全体所组成的一个无穷维空间上定义了对应于S的一个线性算子，可以记为P_S，该算子的意义在于，如果一个密度函数f是P_S的不动点，则它就是S的一个不变密度函数。由于这个算子与非负矩阵有一些共性，乌拉姆将它取名为弗罗贝尼乌斯-佩隆算子，以纪念两位德国数学家佩隆(Osar Perron，1880—1975)和弗罗贝尼乌斯(Georg Ferdinand Frobenius，1849—1917)分别于1907年和1912年发展了正矩阵和一类非负矩阵的佩隆-弗罗贝尼乌斯理论。弗罗贝尼乌斯-佩隆算子P_S是寻找映射S不变密度函数的主要数学工具之一。

1973年，洛速达和约克在美国数学会的学术杂志《美国数学会汇刊》(*Transactions of the American Mathematical Society*)上发表了

对乌拉姆如上问题的一个解答。这篇现代遍历理论的经典论文证明了如下的一个“存在性定理”：若区间映射S为一逐片二次连续可微映射，且其导数绝对值在该区间上都不小于一个大于1的常数，则S至少有一个不变密度函数。这个定理证明的关键是估计弗罗贝尼乌斯-佩隆算子作用到一个具有有界变差的密度函数后得到的密度函数和原先密度函数之间的变差关系，其中用到了约克发现的关于有界变差函数的变差和它与某一子区间所对应特征函数乘积的变差之间关系的一个不等式，即前面提到的“约克不等式”。他们这篇关于这一类区间映射不变密度函数存在性的理论性文章，对后来将近半个世纪的现代遍历理论的研究和应用影响很大。重要的是，它引导了约克的弟子李天岩在计算遍历理论领域中的开创性工作。

对于洛速达和约克所考虑的那一类逐片伸展映射，李天岩关心的问题是怎么将洛速达-约克定理保证存在的不变密度函数算出来。几年来一直在动力系统这一纯粹数学的广阔领域耕耘不止的他，在1973年之后将注意力逐步拓广到计算数学的疆场，尽管他读博士期间所写的最早论文属于抽象巴拿赫空间中微分方程的柯西问题。他希望在遍历理论这一综合性的纯粹数学分支中开辟出一条计算数学的道路。这与大数学家乌拉姆的想法不谋而合，因为在那本《数学问题集》中，那位数学天才只用了大约一页纸的篇幅设计了计算一般区间映射不变密度函数的一个数值方法，并提出了关于他这个方法的收敛性、后来以他名字命名的著名猜想。但是那时的李天岩没有读过乌拉姆的著作，所以他既不知道如下描述的乌拉姆方法，更不知道所谓的“乌拉姆猜想”。

乌拉姆用概率的思路想出了他的方法，现在广被称为乌拉姆

方法，至今依然是计算遍历理论中最有名也最简单最有用的算法。对于将区间[0,1]映到自身的映射S，将定义域区间划分为n个子区间，从左到右依次记为$I_1,I_2,\cdots,I_n$。然后构造一个n行n列的矩阵，该矩阵第i行第j列的元素就是第i个子区间中被S映到第j个子区间中的那些点的比例，如果用一点数学符号的话，就是$|I_i\cap S^{-1}(I_j)|$除以$|I_i|$。这里我用符号"$|\cdot|$"表示"·的长度"，而避免使用数学上通常所用的"勒贝格测度"的符号m。这个矩阵是无穷维弗罗贝尼乌斯-佩隆算子的一个有穷维近似。显然该矩阵的所有元素都是非负数，并且每行加起来都等于1，因此学过大学线性代数或矩阵论的读者就会知道矩阵有特征值1，并且可以算出其对应的一个非负左特征向量。将这个特征向量除以一个适当的正数，就可以得到对应于区间[0,1]如上划分的一个逐片常数密度函数，它在区间$I_1,I_2,\cdots,I_n$上的值依次是上述"被标准化"特征向量第一个到最后一个的分量。

任何好的计算方法必须能达到对被计算对象的任意精度。很自然对乌拉姆方法，就需要知道：当子区间的个数越来越多最终趋于无穷大时，所得到的近似不变密度函数会是精确的不变密度函数越来越精密的逼近吗？在他的书中，乌拉姆提出了如下的猜想：在所论映射S确实具有一个不变密度函数的假设下，当区间剖分的个数趋向于无穷大时，其对应的逐片常数密度函数将"在可积函数空间里依范数收敛到精确的不变密度函数"，即弗罗贝尼乌斯-佩隆算子P_S的一个密度函数不动点。然而，他没有更进一步说明他所猜测的收敛性是针对哪一类映射而言的，因此他的猜想范围太广泛了，至今对一般问题依然无解。

1960年乌拉姆著作的出版，标志着遍历理论的一个应用甚广的子领域——计算遍历理论的诞生。数学史告诉我们,纯粹数学随着人类心智的发展而进步,但应用数学和计算数学的发展较之纯粹数学总是滞后的,它们还依赖于大自然和人类的相互了解以及计算工具的进化。本章前面所谈论的混沌概念得益于数值天气预报的研究,后面讲述的不动点计算比布劳威尔的不动点定理迟到了半个世纪。非线性分析这个与动力系统几乎是同义词的学科,自从数学家冯·诺伊曼和乌拉姆及物理学家费米(Enrico Fermi,1901—1954)于上世纪40年代中期创立后,从50年代起,由于现代电子计算机的出现而蓬勃发展。然而1960年乌拉姆提出计算不变密度函数的方法后,超过十年的时间里居然没有引起计算数学工作者的足够注意。原因可能是,一方面动力系统和遍历理论的绝大多数学者从事的主要是理论研究,证明定理,对数值计算兴趣不大;另一方面那时几乎所有的计算数学家都忙于微分方程的数值计算,而对动力系统和遍历理论的内容知之不多。到了70年代,在天时地利人和的学术背景下,既精通动力系统又开始垂青计算问题的博士生李天岩出场了。

构造求解连续问题数值方法的第一步就是对原问题进行离散化。如同乌拉姆所做的那样,李天岩也将映射S的定义域区间[0,1]分成了n个子区间。他继而定义了与之相关的一个有穷维离散化算子,它把每一个[0,1]上的可积函数映成对应于上述区间剖分的一个逐片常数函数,其在每一个子区间上面的常数值就是那个可积函数在该区间上的平均值。平均值的计算公式是函数在这个小区间上的积分值除以区间的长度。这实际上给出了一个从可积函数空间到区间划分所决定的逐片常数函数全体所组成的n维子空间上的投影算子。该算子将非负的函数映射成非负的函数,并且保持函数的积分不变。

将这个有穷维的算子与映射S所对应的弗罗贝尼乌斯-佩隆算子复合起来，得到的新算子是无穷维的弗罗贝尼乌斯-佩隆算子的一个有穷维逼近。它限制在逐片常数函数全体所组成的那个子空间上，是一个其定义域和值域所属空间均为同一个n维子空间的有穷维线性算子。在该子空间的标准密度函数基底下，它的矩阵表示恰好就是乌拉姆所构造的那个矩阵。当然那时候的李天岩根本不知道乌拉姆的早先工作，所以他继续着自己的探索之旅。运用他那段时间十分熟悉的布劳威尔不动点定理，他证明，对每一个自然数n，如此得到的弗罗贝尼乌斯-佩隆算子的有穷维逼近算子都有一个作为逐片常数密度函数的不动点。问题是：对任意n都保证存在的这个近似不变密度函数，当n趋向于无穷大时会收敛吗？如果收敛，又收敛到何处？

眼前现成的洛速达-约克定理所考虑的那类逐片拉长区间映射，给李天岩提供了新的成名机会。那个能用于证明不变密度函数存在性的洛速达-约克变差不等式，也对李天岩构造的算法的收敛性施予了同样的援手。据此他能证明，依赖于全体自然数的那个逐片常数近似不变密度函数所构成的无穷序列，具有一致有界的变差。既然所有计算出的这些逐片常数函数都是密度函数，它们的积分都等于1，这样一来，分析学中的一条经典定理——赫利选择定理派上了用途。该定理进而保证，上述序列包含一个子序列，使得在可积函数空间的“范数”意义下，收敛到弗罗贝尼乌斯-佩隆算子的一个不变密度函数。

实际上，李天岩对洛速达-约克区间映射族“意外地”证明了乌拉姆猜想，不过那是他写好论文投稿后别人才告诉他的事实。他文章初稿的标题是《弗罗贝尼乌斯-佩隆算子的有穷逼近》，经人提醒后，换成了基于事实但更吸引眼球的《弗罗贝尼乌斯-佩隆算子的有穷维逼近：对乌拉姆猜想的一个解答》(Finite approximation of the Frobenius-Perron operator. A solution to Ulam's conjecture)。文章很快被接受，于1976年发表在美国的《逼近论杂志》(*Journal of Approximation Theory*)上。

许多年后，李天岩教授还记得他得知乌拉姆猜想被他证明时的复杂心情："如果我早知这是与冯·诺伊曼齐名的大人物乌拉姆提出的问题，大概吓得不敢去碰。"可是，正如我在后面将要复述的他的名言所示："一个问题，大人物解决不了，并不表示小人物也解决不了。"45年来，不变密度函数的计算已成为动力系统遍历理论以及遍布工程技术界的非线性分析中的一个活跃研究领域。在几乎所有关于乌拉姆方法及其高阶推广的研究和应用中，李天岩教授的这篇论文都是必不可少的被引用经典文章之一。1995年，他荣获在美国有很高声誉的古根海姆奖，每年只有六名数学家得此殊荣。他曾经告诉我，他关于乌拉姆猜想的这项开创性工作在古根海姆奖评选委员会评奖过程中被高度认可。可以这样说，计算遍历理论是以乌拉姆1960年提出的方法和李天岩1976年对乌拉姆猜想的证明作为开路先锋的，他们是这一学科的两个主要创建者。

然而，对一般情形而言的乌拉姆猜想至今无法证明，原因之一可能是，不变密度函数的存在性这个太过放松的条件能否保证乌拉姆方法的收敛性是无从下手的一个谜。对其他一些映射族，乌拉姆方法的收敛性已被证明，比如说，我曾经对一类带有"弱排斥子"的逐片凸区间映射族证明了乌拉姆猜想。把李天岩教授的证明直接推广的是我和我的合作者周爱辉博士于1996年发表的工作。我们对一类高维映射证明了乌拉姆猜想，基本的思路依然来自先由洛速达-约克引进后由李天岩发扬光大的变差概念，论证技术上的区别只不过是由于自变量个数多于一，不得不采用基于广义函数论的变差现代定义。

李天岩教授三十岁前的第三项杰出成就是现代同伦延拓法。现在，为了理解全面起见，我们稍加一些数学的佐料，品尝一下数学的滋味，但是所用的烹饪术像前面一样，采用的是"大众食谱"，便于制作与吸收。

解方程是我们从小就碰到的一项数学任务。有些方程有解的公式，如一元二次方程。但许多方程没有公式精确求解，只能退而求其次用其他方法，比如说用牛顿法数值求解。一个好例子是求解方程 $\cos x = x$。它在0和1之间一定有个解，这可由前面解释过的介值定理保证，但是要靠数值方法才能得到解的近似值。牛顿方法有个缺点，就是初始点要取得和精确解充分靠近，才能保证迭代点的序列收敛到解。计算数学中的同伦延拓思想就是为了克服这个缺陷而诞生的。古典的同伦算法早在上世纪50年代就有研究，它的基本想法是：如果我们想要求解一个非线性方程 $f(x) = 0$，我们可以先从一个解为已知的"平凡方程" $f_0(x) = 0$ 入手，譬如说，$f_0(x) = x - a$，然后将两个方程"同伦"起来，得到一个带同伦参数 t 的同伦方程 $H(x, t) \equiv (1 - t)f_0(x) + tf(x) = 0$，其中 t 在0和1两数之间取值。传统的同伦算法的思想是假设 H 的零点集可表示成连接 f_0 的零点 a 与 f 的零点 x^* 的一条关于 t "单调"向前走的曲线 $x(t)$。苏联数学家戴维登科(D. Davidenko)引入了一个常微分方程加上初值条件 $x(0) = a$ 来数值逼近上述同伦方程定义出的曲线 $x(t)$。当 t 走到1时，就得到原方程 $f(x) = 0$ 的解 $x^* = x(1)$ 的一个近似。但是，能做到这些的基本前提为:曲线随着t的增大而一直是向前走的。那么,假若解曲线非转弯不可呢?

1985年深秋,我忙着出国留学的各项准备,碰巧陈省身(1911—2004)先生被南京大学授予名誉教授头衔。他当年求学清华大学时的硕士导师孙光远(1900—1979)先生从1933年起一直在自己的母校中央大学(南京大学前身)任教,曾经担任该校理学院院长多年。陈省身教授在新建的校图书馆报告厅做了一场关于现代微分几何的公众演讲。这场报告深入浅出,极其生动,听众出场时我耳边听到的全是啧啧称赞之语。一开始他这样说道:

> 笛卡儿(René Descartes,1596—1650)引进了直角坐标系将几何与代数相结合,是非常了不起的,但他无意中犯了一个小错,就是他把x轴画成水平线,y轴画成垂直线,让人误以为y总是x的函数。其实,在现代微分几何,x和y被视为地位相同,它们都可以是第三个变量的函数。

正是28岁时的李天岩,将经典同伦算法描绘的单调曲线变成八面玲珑形状多变的弯曲轨道,从而减轻了笛卡儿"误人子弟"的地位不平等坐标轴对计算数学的无意伤害。

1967年诞生的单纯不动点算法和1976年问世的现代同伦延拓法,令人惊奇地具有同一个出发点:如何计算布劳威尔不动点?这个不动点定理在与经济学有关的数学中用途很广,以至于当普林斯顿高等研究院的大数学家冯·诺伊曼听新出炉的普林斯顿大学数学博士纳什(John Forbes Nash Jr.,1928—2015)讲到自己在非合作对策论中的一个新想法时,竟以为"顶多是布劳威尔不动点定理的一个应用罢了"而对此没有太入神。斯卡夫对这个不动点定理的作用心知肚明,自然花了功夫设计出一个基于单纯形三角剖分,运用组合数学技巧,通过“折线道路”向前推进寻找经济平衡不动点的单纯不动点算法。而另一方面,求解任何数学方程都等价于找到某个映射的不动点。比如说,解代数方程 $f(x)=0$ 相当于求新函数 $g(x)\equiv f(x)+x$ 的不动点。这就说明了为何“迭代法”是计算数学的一个法宝。

进入70年代,布劳威尔不动点定理这条拓扑学的大定理已经度过一个甲子的年华,和许多举世闻名的数学定理一样享有多种证明,有基于拓扑学同调论的、度理论的、多元微积分的斯托克斯公式的、组合理论的,等等,甚至还可以通过对策论下手。但所有这些漂亮证明都没有加州大学伯克利分校的微分拓扑学家赫希(Morris Hirsch,1933—)于60年代初发表的反证法更漂亮。赫希的证明岂止漂亮,而且简洁,完全够格放进两个德国数学家艾格纳(Martin Aigner, 1942—)和齐格勒(Günter Matthiers Ziegler, 1963—)所著的获奖图书《数学天书中的证明》(*Proofs from THE BOOK*)内。更为重要的是,它成为汇成凯洛格–李–约克文章大潮的一个直接源头。

1973年,距候选博士李天岩的毕业离校仅剩下一年时间。那个时期美国出产的博士在学术界就业的前景黯淡。原因之一是在60年代初美苏冷战期间,由于1957年苏联人造卫星的上天,让竞争对手美国十分着急而大力膨胀高等教育,各地的大学需要新聘用教员以增加师资力量,结果那时新出炉的博士个个成了抢手货。由于是“卖方市场”,学术上潜力不足的博士也能在大学里“安居乐业”,不太费力就拿到了终身聘用的入场券。但是几年下来,他们中的一部分人很快江郎才尽,尽管饭碗犹在,却在学术竞争的环境中败下阵来,而工资相对低下则是其被量化了的看得见的江湖地位。进入70年代以后,膨胀的大学校园不能再膨胀了,饱和的教师队伍也不能再饱和了。于是,生不逢时的博士生面临的一个尴尬局面是:贴出招人广告的大学的一个数学系教书位置可能有几百号人申请。

因此,预测到工作市场前景黯淡的导师约克教授建议他的弟子多修几门“有用”的计算数学课程,以便毕业时更容易找到饭碗。毕竟在任何朝代应用学科的人才总比理论学科的人才潜在的雇主要更多一些,拿不到大学教鞭的话,可以退而求其次到公司谋求职位,挣钱甚至可能更多。李天岩采纳了这个好建议,他放下纯粹数学博士生的“身段”,去旁听了凯洛格教授主讲的一门名叫“非线性方程组的数值解”的研究生课程。没想到这门课却让他“一下子小弟出了大名了”。这是身上幽默细胞几乎处处稠密的他,于1985年6月在中山大学做的那个公众讲演中所说的一句俏皮话。虽是开玩笑,却是计算数学史上的事实。

在微分拓扑学家赫希假设布劳威尔的不动点定理中将n维闭球映到自身的光滑映射不存在不动点的反证法里,那个将闭球上每一点送到球面上某一点新定义的光滑映射具有显而易见的几何特点:它的定义域是n维的球体,而值域则是$n-1$维的球面。读者如果因为看不见而理解不了“高维球面”,可以假设$n=3$,而把该映射视为将实体足球中的每一点映到足球表面上的一点。这个定义域维数与值域维数的一维之差保证了对值域内几乎所有的点,它在上述映射下的“逆像”是一条光滑曲线,其维数当然为1。这里可以用初中代数里的二元一次方程$x+y=1$来说明。这个方程的左边可以看成是两个自变量x和y的一个线性映射,其定义域是维数为2的xy平面,而值域是维数为1的代表所有实数的数轴。方程

$x+y=1$的所有解$(x,y)=(x,1-x)$构成了1在该映射下的逆像，它在xy平面中的几何图形是维数为$2-1=1$的直线$y=1-x$。

当凯洛格教授在他的课“非线性方程组的数值解”上讲解到赫希对布劳威尔不动点定理的证明思想时，掌握了微分拓扑有名的沙德引理精髓的青年李天岩，敏锐地观察到将此想法用于构造有效算法计算出不动点的可能性，并且从计算的角度又将此想法向前推进了一步：既然布劳威尔定理中的不动点一定存在，那么赫希在证明中所定义的“余维数”为1的相关映射，只能在闭球中拿掉所有不动点的那个区域中有定义。而沙德引理保证，对球面上几乎所有的点，在这个映射下的逆像是一条光滑曲线，它起始于此点，向前延拓，一直走到所有不动点构成的那个“不动点集”跟前。

与传统的同伦延拓法在根本上不一样的是：这里的光滑曲线可以转弯，可以像蛇那样扭转自己的身体蜿蜒前行，不会拘束得像古典同伦算法那样只能单调前行而无法能屈能伸地后退几步。现代微分几何的流形理论奥秘就在此处。一维的光滑流形就是我们习以为常的光滑曲线，在xy坐标系的平面上，它可以是某个可微函数$y=f(x)$的图像，但也可以是一个方程$F(x,y)=0$的解曲线。在前者的情形下，曲线与每一条垂直线$x=x_0$顶多有一个交点，但在后一种情形，就无需这个额外要求了。比如单位圆，它是方程$x^2+y^2=1$的解曲线，但垂直线$x=0.5$与它有两个交点。这样一比较就会发现，对于平面上的一般曲线，上面的点的一个固定坐标并不总是另一个坐标的（单值）函数。但是现代数学的观念是：两个坐标x和y之一不可能永远是另外一个的“被依赖者”，它们在本质上应该地位平等，在数学上必须是平起平坐的，两者之间毫无尊卑之分。这和“人生而平等”的普世价值观也是一致的。作为待遇相同的数学对象，坐标x和坐标y可以被看成是从曲线起点开始度量的弧长s的函数。

分析和拓扑基础扎实并勤于思考问题的李天岩突发奇想，如果将这个反证法的思路进一步推进，就有可能构造可数值计算布劳威尔不动点的一个有效算法，算法的可行性则可以由证明中用到的微分拓扑学中关于"可微映射正则值"的沙德引理保证。他即刻将他的想法告诉了导师，而对新奇想法总感兴趣的约克教授马上为之吸引，热烈鼓励他动手试一试。

从未编过电脑程序进过计算机房的李天岩，花了整整两个月的时间，每天两点一线来回穿梭于自己的居所和学校的计算中心之间，但每天早晨奔到那里拿到的却是厚厚一大叠纸，这是计算机吐出的"不屑一顾"——表示程序通过不了。然后不怕麻烦的他，就会再忙上一阵子，修改穿卡的程序，天天如此，周而复始，边干边学。终于在两个月后的一天清晨，他突然惊喜地发现这一次计算机"吝啬地"只吐出一张纸，上面"画出"的是他盼望已久的计算曲线。他终于大功告成，完成了史上第一个基于微分拓扑思想的现代同伦延拓法的成功计算。当然这是我在十年之后的1985年6月从李天岩教授在中山大学的演讲中才听到的故事。

李天岩把在课堂里学到的赫希思想向前移动了一小步，结果将计算数学的历史车轮向前推进了一大步，导致至少有了二十年历史的"传统同伦延拓法"中的"传统"二字进化成"现代"一词——一个全新的在工程计算应用领域用途很广的数值方法应运而生，为非线性方程数值求解开辟出一个新的大有前途的研究方向！

这是博士生李天岩对计算数学界的一大贡献，也是陈省身先生1985年在我母校那个动人演讲中可以佐证现代数学思想的生动例子。多年后的2005年,去台湾清华大学理论研究中心参加庆祝弟子60周岁生日国际学术研讨会后,约克教授接受了台湾数学界名人刘太平教授等的采访。我从刊登采访记的台湾普及杂志《数学传播》中读到他所说的一句话:“计算可能导致伟大发现。”这大概部分来自他的弟子通过计算实践而给他带来的启发。

1974年,第一届国际不动点算法大会将于6月在位于美国南卡罗来纳州的克莱姆森大学举行。大会组委会获悉了凯洛格-李-约克计算不动点的一个新方法,便提供了两张飞机票让他们赴会报告这一结果。论文引起的惊喜可从大会主席斯卡夫为会议论文集《不动点算法及其应用》所写引言中的一段话感受一二:“对我们众多与会者而言,克莱姆森会议之令人惊奇之处在于凯洛格-李-约克关于计算连续映射不动点的文章。他们提出了第一个基于微分拓扑思想——而不是我们习以为常的组合技巧——的计算方法。”

我出国前仔细阅读过的关于同伦延拓法的那篇综述长文的两位作者之一奥尔戈瓦(Eugene Allgower),1976年为美国《数学评论》(*Mathematical Reviews*)撰写的凯洛格-李-约克文章评论的第一句这样“盖棺论定”:

> 这是关于$\mathbf{R}^n$紧凸子集K的一般自映射的不动点逼近的另一个重要贡献。(This is another significant contribution to the area concerning the approximation of fixed points of a general self-mapping of a compact, convex subset $K \subset \mathbf{R}^n$.)

他在写完评论后觉得言犹未尽,又加了一段“评论员注记”,强调了新方法的数学底蕴:

> 用延拓方法证明布劳威尔定理比用单纯法证明需要更复杂的数学(例如沙德定理)。(The proof of Brouwer's

theorem by the continuation method requires somewhat more sophisticated mathematics (e.g., Sard-s theorem) than does the proof by simplicial methods.)

李天岩的这项成就,也反击了一些纯粹数学家对计算数学家的某种偏见甚至藐视。那些人看到电子计算机只用到加减乘除四则运算就能从事科学计算,以为几乎所有的计算数学家也只会加减乘除,不懂“高帅富”的现代数学。我在南大读研究生时,个别转向纯粹数学专业的研究生也有类似的奇谈怪论,口气大得可把计算数学贬值十倍。大错特错!幸亏我从本科到博士阶段都对纯粹数学下过苦功,对分析数学尤其热爱,也阅读过不少学科名家的著作,没有被轻视成一个数学领域中的“下里巴人”。1988年,李天岩教授访问日本一年后一回到美国,就在给我们新开的名叫“[0, 1]上的遍历理论”的应用数学高等论题课上,对我们讲了他认为不可思议的一则故事。他在访问北大期间,向一位名教授确认他听到的一种说法:在中国,第一流的数学家搞纯粹数学,第二流的做应用数学,第三流的只能玩计算数学。那个纯粹数学的大牛回答道:大概如此。这让他极为惊讶,因为在美国,许多计算数学的领军人物,在纯粹数学家的眼里也是杰出的纯粹数学家,一个好例子就是纽约大学柯朗数学科学研究所的拉克斯(Peter Lax,1926—),另一个好例子是得到前者高度评价的中国计算数学家冯康(1920—1993)。冯先生的纯粹数学功底加上对物理以及工程领域的足够了解,帮助他高屋建瓴地建立了有限元法的数学理论以及独创了保辛结构的新颖算法。在2020年8月中国数学界举办的纪念冯康先生诞辰100周年的会议上,美国普林斯顿大学的鄂维南教授回忆起自己于1983年在中科院计算中心读研究生时,冯先生谆谆告诫他加强纯粹数学训练，提高以全局观点思考问题的能力，例如嘱咐他好好钻研阿诺德（Vladimir Arnold，1937—2010）的名著《经典力学中的数学方法》（*Mathematical Methods of Classical Mechanics*），这对他后来的成长有着举足轻重的影响。他在《数学文化》2020年第三期上登出的讲稿就以“冯先生教导我打好纯数学功底”为题。

李天岩教授年轻时代的三大数学杰作，我除了对其中之一的现代同伦算法略知一二外，对其余的两个在有幸成为他的学生前几乎一无所知，更不要说领会其中的数学奥秘了。1985年6月在中山大学的一周，我也只是从他公众演讲的李-约克混沌故事中知道了一点“周期三”的历史，而出国前却一直不知道什么是“乌拉姆猜想”。即便在那个时期对李教授的工作比较了解、和他彼此之间联系也较为频繁的王则柯老师，可能也没有在文章或书里详细介绍过乌拉姆猜想的出处和李天岩教授为此作出的贡献。只是到了1988年，李教授门下几乎所有的博士研究生选修了他的遍历理论专题课之后，我和大家才第一次听到乌拉姆的大名，也第一次耳闻他“氢弹之父”的尊称。如同“混沌”一词所揭示的那样，我因同伦而奔向密歇根州立大学师从李天岩教授，却根本没有预测到最终的博士论文与同伦无关，而被“乌拉姆猜想”这个“超级吸引子”吸引了过去！

△ 第四章

师 生 情 缘

1986年的第一天，由于上海和旧金山彼此12个小时的时间差，我在中国和美国各待了大半天，到达美国是元旦上午。第二天下午六时我飞到密歇根州首府城市兰辛的机场，密歇根州立大学位于机场以东大约八英里远的小城市东兰辛。我带来的四周岁上海小女孩的父母林晓标博士夫妇，以及另外几个数学系的中国博士生夫妇，都给了我热烈的欢迎和亲切的帮助。那一晚，他们向我提供了许多关于留学生活的有用知识和本系博士资格考试等方面的政策规定。我与其中一位来自中国科学技术大学的上海人、博士生沈韵秋通过信件，他和他的太太之前和之后都对我帮助极大，我赴美前他已经帮我找到了住处。但是那晚太迟了，我无法及时搬到我自己的公寓房间，另一对来自北京的博士生夫妇热情地让我去他们家借住一夜。长途国际飞行后疲倦不堪加上饱受时差困扰的我，由于众人如此体贴的照顾，在密歇根度过了甚感温暖的第一晚。但是那夜时差折磨着我，三时醒后再也没有睡着。

那晚大家自然没有放过谈论李天岩教授的机会，因为他们都知道我是他“招来”的未来弟子。尽管我是奔他而来的，但从理论上讲，在我通过本系的博士资格考试和博士预备考试之前，我不能算是他的正式学生。只有当我通过所有这些考试后有“资格”从事博士学位论文的研究和写作时，如果他同意接受我，而且我也愿意做他的门徒，他才正式成为我的全称为“博士论文指导老师”的导师。这就像自由恋爱一样，双方都愿意才会走向婚姻的殿堂，而且甚至在婚礼上最后在牧师或其他证婚人见证下交换结婚戒指向天宣誓之前，任何一方也可以反悔，这是在好莱坞的许多著名爱情影片中常常见到的情景。

然而，当他们向我介绍起李教授的学问、个性甚至轶事，有的与我的广州印象相符，但许多却出乎我的意料之外。我在中山大学见到的李教授谈吐中既风趣幽默，又平易近人，但他们闲谈中描绘出的李教授形象似乎是一个让人望而生畏的冷酷无情者。我后来的师姐告诉我，李教授接受学生跟他写博士论文有个必要条件，就是“必须考过实变函数论的博士预备考试”。她和也是她大学同班同学的先生的一门博士预备考试就是它并且都通过了，因为他们都想成为李教授的弟子。他们两人后来分别在计算数学和计算机领域成为有建树的学者。众所周知，实变函数论是中国大学数学系最令人胆怯的一门基础课。虽然我在南京大学三年级时修它的成绩是优，但我依然清楚地记得那个学期啃苏联分析学家那汤松（Isidor Natanson，1906—1964）的名著参考书《实变函数论》的辛苦劲儿。五年后我基本记不得书中数不清的证明细节了，所以一听到李教授的这个收徒标准，我就开始紧张起来。赴美前，本系一位中国留学生应李教授所求写信给我，介绍了这里的两种关键考试。我突然记起他信中的一句警告，大意是“如果两次都考不过博士资格考或博士预备考,那就只好卷铺盖走人”。

尽管那晚的接风闲聊小小考验了我的自信心,尽管那夜由于时差我几乎没有睡着,第二天一早我还是去了系里参加前一天已经考了一门的“博士资格考试”两门中的第二门。奇怪的是它被叫做 Part A,内容覆盖拓扑与分析。我的日记中留下的一句遗憾之语是:“复变内容我一点也记不得了,头又昏,没考好。”我听说,刚来就考这个试,考不过不算失败,今后还有两次机会。

由于距离上次为了报考硕士研究生而复习数学分析等内容已经将近五年,我对一些有用的公式已记忆不清,导致有些题目的解答没能做全,能否通过心中无数。考完后我就去向李天岩教授报到去了。上了他在三楼的办公室,他对我依然像在广州那样和颜悦色,对我新来乍到的生活安排甚为关切。当听到我居然一到校就忙着先去考试,他颇为惊讶,叫我不要太急,先把时差调好。我上次见到他是在初夏的中国南方,这次重逢已是在冬日的美国北方。虽然室外是一片冰雪,寒冷无比,但我的内心和室内一样温暖。

然而,李教授话锋一转,脸色开始严肃起来,给我敲响了警钟:“你的托福成绩不合格,楼下办公室(指系研究生事务主任办公室)问我你怎么样,我向他保证‘give him a chance’(给他一个机会)。你要拿第一。”当天晚上我在日记中表达了我的真实心情:“李教授要求我为他争光,我压力大矣!”事实上,只过了五天,他就给了我几篇英文数学文章,叫我读后写一个报告。第一次接受他学术任务的我的确有点心惊肉跳。我看到文章的署名是葛人溥,单位是西安交通大学。后来我听说,葛老师因为这些有创新的工作已经从讲师直接升为教授。

密歇根州立大学那时和美国大部分高校一样采用的是20世纪40年代由芝加哥大学首创的“学季制”，即每学年分为秋、冬、春三个学季，另加部分学生修课的夏季，每学季大概十周左右。但是传统的“秋—春”学期制后来在大多数学校又卷土重来。密歇根州立大学在我毕业后第二年也放弃了学季制，据说为此耗资百万美元，这是后话。我尽管曾在给李教授的信中保证过来美前跨越英文听力关，但一进校后的英语听力考试还是没过，要修一门英语口语课，同时也被强制性地搭配了一门英语写作课。所以来校后的第一个学季，我正式注册了两门语言课和一门数学课。这门本系研究生三学季系列课程“偏微分方程数值解”的第二部分，是我咨询李教授时他为我划下的，它的授课老师恰巧是系里给我指定的“学术导师”（Academic Advisor）颜宪尧（David H. Yen）教授。其实我在上一年11月11日收到的数学系来信中已知他将是我的学术导师，但以为他将取代李教授成为我的博士导师，在当晚的日记中记下了难受的一句话：“Li 教授可能不想带我，我真伤心。”颜教授是李教授最亲密的同事之一，年长他十岁左右，祖先是孔子的得意门徒颜回，也和先祖一样心慈面善。在我通过所有博士资格和预备考试正式选李教授作为我的“论文导师”（Thesis Advisor）前，理论上讲他是我唯一的“导师”。那几年中，颜教授对我一直非常关怀，我毕业前找工作时他也给我写了一封有力的推荐信。

几天后，系里通知我，我匆忙参加的第二门分析部分博士资格考没有过，但明确告诉我不算失败。普劳金教授不担心中国学生的数学，倒是担心我们的英文，所以他规劝我“数学先放放，英语好好抓”。我只好听他吩咐，安心于那两门我内心不想修的英文课。但是为了熟悉博士资格考试的内容，我又旁听了与之有关的两门研究生基础数学课。对我而言，听美国教授讲课，就是修免费的英文听力课，并且效果远佳于我付学费的正式听力课，因为一进入数学的情景，我的时差敌人几乎马上逃之夭夭。至于同样花学费的英文写作课，我有幸得到讲课老师苏太太的青睐。她的丈夫为历史系的华人老教授，和南大数学系的数理逻辑学家莫绍揆(1917—2011)先生是年轻时代的好朋友。这是我在一个月后的中国学生学者春节晚会上，听他亲口告诉我的。我也兴奋地告诉他，莫先生的大女儿是我的大学同班同学。苏太太举止极其优雅，为人也很随和。她很快从我的英文习作中嗅出我的写作基本功，于是不时拿出我的作业作为范文课堂宣讲，满足了我可怜的虚荣心。

第一个学季，李教授给了我足够的时间熟悉环境，调整时差。他大概没想到，我运行了27年之久的祖国生物钟惯性太大，导致我时差调了两个月也没能完全调好。即便在过去的近30年，我每次回国和返美，还是要花上十来天的时间对付时差。在那两个月里，白天的英文听力课我发困想睡，但一到深夜便精神抖擞。一眨眼，冬季学季就在这种昼夜不分的混沌状态中度过了。不过，进步也是明显的。3月份，我通过了所有的英文考试，最初"条件录取"的标签也被改成"正规录取"。这就是说，我转正了，不再担心被遣返回国，打道回府了。颜教授的课我也拿到成绩A，并且持续下去直到我不再注册修课为止，我所有正式注册的数学课程都保持了成绩A。然而，那个学季最大的喜事是，我的女儿2月份在南京出生。

提到我女儿，我就想起李教授和她的最初照片的一件往事。当我收到女儿的第一张照片时，心中的高兴劲儿就甭提了，每天都要看上若干遍。我的南大同学张砚凝在我刚到美国时从他就读的斯坦福大学寄来过一张"热烈欢迎"的明信片，自然也很快分享了我女儿诞生的喜悦。我甚至给他寄去这张照片让他一睹为快，但嘱他看完尽快寄回，他理解照办了。现在，我的女儿就在斯坦福大学工作，和张砚凝夫妇关系非常密切，因为友谊的种子在她的婴儿时期播下了。到了第二学季某一天，我去找李教授，顺便带去了女儿的照片让他瞧一瞧。李教授很仔细地端详着她，说的什么赞美的言辞我忘记了，也没有重要得记在日记里，但是他的一个动作却没让我忘记：看完后他竟没有把照片还给我，肯定以为是我送给他的。我也不好意思像对待我的老同学那样将它要回，害得我赶快给太太写信再寄一张来。之后的几周，我由于没有女儿陪伴，精神欠佳，读书累了也没有恢复精神的最好方式，直到第二张照片寄来。我在那一天从李教授的表情看出他非常喜欢小孩。这是一种本能，但他的表现尤佳。后来我从一系列的亲身经历以及和他的交流中都看到他浓郁的父爱之情。

丁玖及女儿于20世纪90年代与
李天岩教授于李教授家门口合影

让我“弄巧成拙”地将百看不厌的女儿照片“拱手让人”的那次“觐见领导”，其实是李教授为真正在数学上考察我而精心策划的一着妙棋中的一个小插曲。在那之前四周的4月4日下午二时，他让我去他的办公室接受一项战斗任务。一见到我，他就递给我一叠厚厚的打印纸，上面是一篇有80页长的数学文章，作者是康奈尔大学数学系的年轻教授雷内加（James Renegar），他是菲尔兹奖得主斯梅尔（Stephen Smale，1930— ）教授在加州大学伯克利分校指导过的博士。“虽然我推荐了你来，但我还不知道你在哪条线上。到现在你还没有和我谈过数学问题。给你四个礼拜看这篇文章，然后向我报告它讲了什么。”

我清醒地知道，尽管我已经在广州通过了李教授课堂和聊天的“初试”，但是他依然对我的学术潜能“心中无数”，所以他要给我来一个真正意义上的水平测试。这是很自然的，因为我到那时为止的确还没有机会给他留下深刻的学术印象，师生因缘还没有真正地建立起来。走出他的办公室，手中拿着论文稿子，我暗下决心，要好好地准备这场报告。

那个学季，我为了省钱，只正式注册修了两门数学课，包括颜教授的学年课程“偏微分方程数值解”第三部分，但又旁听了三门数学课，其中一门的教授对我好到甚至亲自批改我的作业的程度。我的助教工作依然是习题课答疑。现在，白天黑夜的其他时间我几乎都花在啃懂这80页论文的思想和公式。这篇文章是关于不动点算法的计算复杂性，连标题读下来就很专业：《逐片线性路径跟踪算法的平均情况复杂度理论基础》。作者是其导师开创的计算复杂性理论的学术传人，在1990年的国际数学家大会上就此做过45分钟的邀请报告。他在文章中使用的数学工具属于积分几何，但我对此学科却一窍不通，完全是个门外汉，需要学习其基本理论。于是我首先补课，去系里的图书室借了该领域世界权威、西班牙数学家桑塔洛(Luis A. Santaló，1911—2001)教授的经典名著《积分几何和几何概率》(*Integral Geometry and Geometric Probability*)捧读起来。1992年后我某次回国逛书店，见到该书吴大任(1908—1997)教授的中文译本，想起当年初读它时的情景，倍感亲切，便毫不犹豫地买回家收藏。多年来慢慢提升起来的自学能力，让我在一周内大致领会了几何概率这门学科的基本概念，并被以概率论的观点研究几何之美所倾倒。读这本书也让我再次体会到，要想深度理解一门新学科目的关键思想和有机组成，最好读其"经典之作"，就像研究数值代数的要读威尔金森(James H. Wilkinson，1919—1986)的《代数特征值问题》(*The Algebraic Eigenvalue Problem*)或学习泛函分析的要看邓福德(Nelson Dunford，1906—1986)以及他的博士施瓦兹(Jacob T. Schwartz，1930—2009)合写的《线性算子第一部分：一般理论》(*Linear Operators Part One: General Theory*)。我至今还记得从书中读到积分几何的先驱之一、法国博物学家和作家布丰(Georges-Louis Leclerc, comte de Buffon，1707—1788)用一根细针计算圆周率的巧妙方法所引发的啧啧称奇：只要在画有若干等距离平行线的平面上任意投掷细针大量次数，则可以用概率方法估算π的值。而之前，我只知道布丰在科学随笔里对动物的拟人化描写极具魅力，这是在大学时代读完他的名篇《马》而留下的印记，没想到他在古稀之年成为创造一门学科的业余数学家。

四周到了，5月2日是周五，我按原计划去了李教授办公室，准备向他报告雷内加博士的文章。但他大概忘记了和我约定的时间，已有其他安排，就向后延期一周。然而他没有忘记一句提醒我的话:“我不要听你只把定义和定理罗列在一起,我要听的是这篇文章的idea(想法),它到底讲的是什么。”这搞得我相当紧张,但多给一周的准备时间,又让我感到有点侥幸,避免了当天可能的出丑。到了9日下午二时,我准时来到李教授的办公室。只见他后背倚在旋转椅上,两只脚放到办公桌上,嘴里吐出一句让我吓了一跳的话:“你要把我当成笨蛋,我什么都不懂。”这是我第一次听他自称“笨蛋”,感到有点纳闷:我不远万里投奔而来的堂堂教授为何说自己“什么都不懂”? 我在国内没有听到我的任何老师承认自己是个笨蛋。对于我们这些规规矩矩的学生而言,老师就是老师,有高高在上的尊严和令人仰慕的学问,我们已经习惯将他们视为知识界的上帝和心目中的楷模。不过四年后当我离开师门去美国南方的大学教书时,我已经理解了这句惊人之语的深刻含义:一个真正懂得数学思想的人会让“什么都不懂”的人听得懂。这和唐朝大诗人白居易写诗百改不厌让老妪都听得明白无误一个道理。在我来美后的这个第一次学术报告中,我的神经在两个小时内绷得紧紧的,因为“什么也不懂”的李天岩教授不断提问,紧追不放,十分挑剔,以至于到了报告结束时,我以为这场报告无疑是失败的,而他则不动声色地叫我下周同一时间再来,继续报告下去。

既然是我在李教授面前的第一次表演,我自然是有备而来,因为我要证明自己有资格做他的学生。在之前的五周苦读中,我基本上做足了功课,搞清了几何概率的基本思想,也读懂了雷内加教授把它创造性地使用到同伦曲线跟踪算法复杂性分析的关键想法和深刻分析。所以我的自信心还没有受到摧残,上述的担心最终没有成为事实。第二次报告时,我发现李教授脸上的表情比上次舒展,提问题的频度也明显下降了,主要在听我“侃侃而谈”,我看出他“真的听懂了”,心中大喜。这次报告后,李教授摆了摆手,让我写一份“读书报告”给他,其中也要指出文章中被我发现的个别笔误。

一年后,当我看到英文期刊《数学规划》(*Mathematical Programming*)登出的这篇论文,我才恍然大悟:原来李教授让我替他给杂志审稿了。他没放过这个绝妙的机会,不动声色地第二次“面试”了我,并且具有一箭双雕的效果,因为他也省了自己审稿一字一句读下去的时间,同时他还趁机训练我怎样写一篇“数学评论”,那是我读书期间所写的第一篇审稿报告。须知,对一个人学识的全面了解,不是仅仅看几封推荐信或一张大学或研究生成绩单就能万事大吉的。一个人读书做学问的能力,是多方面因素的综合化。有的人可以是很好的研究者,但缺乏善于交流的先天素质;有的人很会教书,但探索新学问的劲头不足。最好的当然是两者俱佳,既会教自己,也能教别人。最令人遗憾的则是读书不努力,教学又吊儿郎当。好的指导教授,能够通过多个方面,把学生的优势劣势把脉得一清二楚,对症下药,帮助对方发扬长处,克服短板。这一次李教授就通过此招,把我的里里外外瞧了个遍,从此我在他心目中的学术印象深刻多了。

由于我年初才入学,6月初学年就结束了,而博士资格考试和后继的博士预备考试每学年只在秋学季和冬学季开学前两天举行,我要耐心地等到9月初才能考博士生阶段的第一大考——如果两次考不过就失去了读博士的资格。这与我听说的中国博士研究生教育不太相同。在国内只要读博士学位,几乎个个最终都会拿到学位,而在美国的博士生有相当大的一部分没有这么好的运气。正因为我还没有通过第二大考博士预备考,连第一大考博士资格考还没有机会呢，按系里的规定，我也没有资格在当年夏季的三个月获得系里的助教奖学金。这意味着我那三个月没有收入，只能吃老本。当然，美国的法律容许外国学生暑假打工挣钱，尤其对持有J-1签证的“访问学生”更开绿灯。但是那个时期的中国留学生读书普遍用功，只要自身没有发生山穷水尽的经济危机，绝不会想到去中国餐馆端盘子拿小费，而主要由他们的配偶（如果在此伴读的话）去做这些事，趁机体验生活、练习英文，或者挣点美元买大件帮助国内亲戚。我自然也决定好好地利用暑假读书看论文，顺便也准备一下9月初的资格考。过去六个月拿到手的助教薪水剩下的钱财，足够我这三个月的开销。

李教授也没有放过我，叫我参加他马上要组织的暑假讨论班。那年除我以外，他从国内一口气招来的其他四个博士生预计在8月下旬到校。他们和我一样都是77级的本科，分别毕业于吉林大学、厦门大学及武汉大学（它就是我在广州见过面的曾钟刚的学士和硕士母校）。再加上一个由美国西北大学的访问学者身份转学过来读博士学位的李奎元，从1986年秋季开始，李天岩教授手下的兵马人数已经达到八个，远超系里的另一位应用数学大牌、他的师兄周修义教授，大概成了系里所有教授中的博士生第一大户。所以从那一学年开始，“李天岩教授弟子讨论班”正式出笼，威震全系。然而它的前奏曲，却在那学年开始前夕的夏季响起。

李教授当时只有两名正式的博士生，一个是我于1月3日见到李教授之前在他办公室门口认识的韩国人李弘九，另一个就是1月2日在沈韵秋家接风晚餐后热心让我在他们家借住一宿的张红。但是他依然决定在整个夏季开办一个非注册在案的研究生讨论班，放在每周二的下午一点到三点，重点学习麻省理工学院的斯特朗(Gilbert Strang,1934—)教授那年刚刚出版的一部新作《应用数学导引》(*Introduction to Applied Mathematics*)。讨论班成员除了他的上述两个正式弟子和我这个候补弟子外,还有颜宪尧教授的博士研究生、来自广西大学77级的韦东明,加上其他几个对此感兴趣的本系博士生。还在春学季期末大考进行时中的6月3日,李弘九和张红带上我去李教授办公室接受任务,确定报告该书各章的人选。因为我是学最优化出身,李教授就让我专门准备报告书中关于最优化的最后那一章,其中有线性规划、几十年前就诞生的单纯形方法和刚出世不久的卡玛卡方法,加上对偶性、极小极大理论和非线性最优化。卡玛卡(Narendra Karmarkar,1955—)于1984年发明出后来冠以其名的那个多项式算法,顿时让他名满天下。李教授没忘关照我们"讲基本概念,从最简单入手"。这是我在日记本中记下的"李天岩语录"。我趁这个机会也请他帮我选择了下学期的注册课程。他建议我修周修义教授的"常微分方程"和颜宪尧教授的"应用数学基础"。前者的现代名称叫"连续动力系统",这是关于可能求不出解析解的非线性常微分方程解的性质的重要数学分支,而周教授是这个领域的国际名流之一,和林晓标博士的布朗大学论文指导老师黑尔(Jack K. Hale,1928—2009)教授是学术专著《分支理论方法》(*Methods of Bifurcation Theory*)的作者。而颜教授所用的教科书《应用于自然科学中确定性问题的数学》(*Mathematics Applied to Deterministic Problems in the Natural Sciences*)是世界著名应用数学家林家翘(1916—2013)教授和弟子西格尔(L. A. Segel,1932—2005)1974年出版的经典名作。

这将是我在美国所做的第一次讨论班讲演。尽管有过南大最优化讨论班的两年训练,两个月前也在李教授办公室连做了两次总共四个小时的长篇大论，我还是把它当成一生中第一次学术报告来准备，毕竟听众都是已经走上科研道路的博士生，在这里至少已经待了三年。此外，这也是我一生中第一次在讨论班上用英文做报告，而上次在李教授跟前做的论文报告，虽然读的是英文文章，讲的却是李教授也爱听的中文。我精读了斯特朗教授著作的第八章内容，结合我自己在南大苦学最优化理论时获得的心得体会，决定用自己的几何语言介绍最优化理论的基本思想。我 7 月 15 日那晚的日记，忠实地记录了我在讨论班讲台上首次亮相时的场景："今天是我讨论班上第一次讲课，我从容不迫。李教授听了 1.5 小时后先走有事，他事先打招呼。他从未发难一次，安静听讲，但临走前说'你讲得不错，马列主义学得好'，我不知是褒是贬。最后半小时自觉讲得不及前面好。结束时众人评价不错。张红还问为何我不继续搞最优化。"我这里特地记下了关键几点。一是大教授也懂得遵守纪律，因需要早退而事先向学生请假，足见平等意识、民主作风。二是我颇得意他没有批评我的报告，因为之前两次讨论班上其他人的报告他都不太满意。有一次事后他甚至告诉我对报告人"只能给 20 分"。但是这次当我跳上讲台卖弄矩阵约当标准型的几何意义后，他也对我的英文表达不清嘲弄了一番："英文好好练！"不过我对他的批评心服口服，因为我蹩脚的普通话也带动了英文发音的蹩脚。事实上，几十年来我英文发音的进步都不大，在相当大的程度上影响了我的事业发展和"对外交流"。那一天我讨论班报告的英文口语表达能力，肯定还是停留在起步阶段。但是在数学上，我根本没有按照作者所采用的教科书式标准证明，推导在等式约束条件下求出多变量函数最优解的拉格朗日（Joseph Louis Comte de Lagrange，1736—1813）乘子法则，而是采用了众人更为熟知的多元微积分中方向导数概念的基本思想，一下子就几何直观地推导出。听众的面部表情明确告诉我，他们听懂了这个来自“初等方法”的直接处理。对讲演者而言，最觉得愉快的事，莫过于感受到听众的共鸣，所以我那晚的日记也写得笑容满面。

过了几天，那个我出国前曾经给我写信介绍这里情况，尤其吓唬我博士预备考试两次过不了就要滚蛋的系里学长特地打电话告诉我，李先生对他说“丁玖有思想”。他是李教授的师兄周教授的弟子，因年龄相仿而常与师叔聊天，在中国留学生中威信也相当高，学成回国后受到重用，几年不到成为北京大学数学科学学院金融数学系的创系系主任。那天晚上我心情颇为舒畅，内心甚至有点得意，因为尽管我还没有证明我的课程考试能力，我在未来博士论文导师的眼里可能基本过了关。但我清楚地知道，套用毛主席的话，“这只是万里长征走完了第一步”，“以后的路程更长，工作更伟大，更艰苦”。同时我也非常清醒地认识到，自己的才华、知识和创新能力绝非李教授的对手，并且刻苦用功程度也难以望其项背。

李教授倒是并不着急我何时能考过资格考预备考，他着急的是我何时能开展研究。于是暑假一开始，他就交给我两篇论文，与线性规划的卡玛卡算法有关。我到了美国后才知道，我以为前景看好、曾经下功夫钻研过的单纯不动点算法，在美国的研究现状已成明日黄花，原因是它在计算上不划算。这可以从一个立方体的三角剖分看出。平面上的标准单位正方形可以沿对角线划分为两个直角三角形，其顶点的坐标非0即1。三维空间的标准单位立方体可以被剖分为6个四面体，其顶点的坐标非0即1。一般地，n维欧几里得空间的标准单位超立方体可以被剖分为n阶乘($n!$)个n维单纯形,其顶点的坐标非0即1。当$n=100$时,它的阶乘就是一个天文数字,而对应的单纯不动点算法的计算复杂度在最坏的情形有可能达到此大数,因而这与计算数学所追求的"多项式时间"算法目标相距甚远。由于这个大缺陷,对中大型的不动点计算问题,单纯形三角剖分算法只好让位于其他更经济实用的计算方法,比如同伦延拓法。这样,我赴美后再也没有重新拾起我硕士学位论文所在的领域,甚至都没有信心将硕士论文精简修改成一篇投稿文章。

1984年问世的卡玛卡算法解救了我。卡玛卡是印度人,于1983年在加州大学伯克利分校获得计算机科学博士学位,毕业后被贝尔实验室聘用,第二年发表了一篇划时代的论文。该文对线性规划提出了一种全新的具有多项式计算量的算法。美国线性规划之父丹齐格(George Bernard Danzig, 1914—2005)发明的单纯形法尽管一般而论计算效果很好,但理论上不具有多项式时间的复杂性。1979年苏联的哈奇扬(Leonid Genrikhovich Khachiyan, 1952—2005)提出了史上第一个求解线性规划问题具有多项式时间的椭球法,但却不太实用,主要具有理论价值。卡玛卡提出的算法理论上被证明具有多项式时间的计算复杂性,在执行中也常能打败单纯形法,有着双重优点,一下子开创了一个被称为"内点算法"的新领域。许多从事最优化研究的名人涌入其中,包括其著作把我引入单纯不动点算法园地的康奈尔大学教授托德和日本最优化界的著名学者小岛政和(Masakazu Kojima)。他们都和李教授非常熟悉,经常寄给他写满自己研究成果的预印本。

于是在1986年的夏季,从李教授手中接过两篇论文起步,我进入了刚刚开始变热的内点算法新地盘。这属于我在南大读硕士研究生的最优化大领域。我已经具备了能够跟上前沿热点研究所需的必要基础知识,如凸分析和一切数值分析所用到的线性代数。李教授和他的两个弟子那时主要的研究课题是用同伦方法求解矩阵特征值问题。他们已经挖掘出在特征值计算问题中输入同伦思想最大的优势,就是通过并行计算让机器同时跟踪与矩阵维数一样多的同伦曲线,最终同时得到所有的特征值—特征向量对。这种新处理对基于QR分解的传统算法是极大的挑战。此外,他自己也已经开始研究求解多项式系统的同伦方法,并且自修与之密切相关的代数几何。这是一个更加雄心勃勃的研究计划,因为按他所强调的,“多项式不仅现在有用,两百年后还是有用!”然而,李教授觉得我在最优化领域已经有了较好的训练,希望我能在新的内点算法的潮流中向前游去。他通过他的学术关系和影响力,到处收集这方面的最新论文,甚至和我一起讨论。他的支持和我的努力双管齐下,帮助我很快了解到这些最新的研究成果,进入了此领域的前沿阵地,也与一些领头的研究者取得了学术联系,如当时已经做出创新成果的斯坦福大学毕业的叶荫宇博士。

自然,我不能忘了博士资格考试。看论文和复习迎考两不误,我在秋季开学前顺利考过博士资格考试。9月22日先考第二部分,内容是代数与分析。我晚上的日记全文如下:

“上午9时起考Qualifying Part B(资格考第二部分),一点不难。我第二个交卷,第一个是吉大新来的王,我惊讶。中途李教授跑来在王前审视一番。我第二题有点小错,共六题。10时半回家,准备Part A(第一部分),内容多。”其中的“王”当时我还不认识,但能劳驾李教授来看他考试,证明他是有来头的,而且第一个交卷显示他不是一个等闲之辈。他的名字是“筱沈”，父亲是吉林大学的数学名教授王柔怀(1924—2001)先生，其合著的《常微分方程讲义》是我大二时爱读的参考书。第二天的日记长些，只需抄下关于资格考第一部分的那几句内容：“今天Part A较难，9题，我也花几乎3个小时，也是最早交卷者之一，其中第4题最后一步理由不充分，有两题有点不严谨。不过我猜想肯定过关。”

不出我意外，一周后系里通知我资格考通过了。之前李教授见到我就问考得怎样，看我回答得底气十足，第二天就奔来找我，要我在30日给他讲小岛教授的论文。那天他边听我报告边做笔记，因为他翌日外出开会要与他人讨论，可见他很重视卡玛卡算法的研究进展，并想跟上我在这个领域的前进步伐。当天下午我偶见普劳金教授，他告诉我考得很好，Part A第一名。这让我报了初到时没有考过它的“一箭之仇”，同时也在这一点上满足了李教授“你要拿第一”的要求，使我自信心大增到决定冬学季前就去考更难的博士预备考。

李教授在国内新招的四名博士生都“雄赳赳气昂昂”，跨过太平洋顺利来美，秋季入学，加上转学而来的也姓李的第五人，一下子我们的队伍更加兵强马壮。我和他们聚集在李教授的麾下共度了四年的快乐时光，我们持之以恒的讨论班也伴随着我们成长。我和他们新来的五位都是恢复高考后的第一届本科生，年龄相仿，性格相容，彼此友爱。尤其在每个学季之间的休学间隙，我们会选择一晚，各家轮流做东，欢欢喜喜聚餐一堂，菜足饭饱后还可以大唱“样板戏”，一醉方休。碰到大的节日或特殊情形，李教授把我们请到他家，大吃大喝之后一阵神聊，不亦乐乎。

转眼到了寒假。那时我的太太还未来美，我和两个国内学生共享一套两卧室公寓。一天我在系里看到广告，一位年轻教授全家要回明尼苏达州的老家度圣诞元旦寒假，希望找到一个志愿者住在他租住的一栋房子里帮助照看留守家中的狗，报酬是免收房租。我为了挤出三周时间远离热闹的居所潜心读书复习，便去应征了。主人和他的名叫“Rusty”的大黄狗都对狗年出生的我表示了“同意”，所以我在美国的第一个圣诞节是在与书为友与狗为伍中度过的。那三周里，我每天喂狗三次，遛狗一次，为它刷毛若干次，读遍了我为两门博士预备考试准备的一大堆数学书和笔记本。结果是，1月5日和6日的两门预备考都顺利过关，其中一门的出卷教授见到我说“You did a nice job”（你做得不错），喜得我在日记本上大吹一句“我这次考试大长我的威风”。至于Rusty，主人告诉我，他们回来后看到它不见了我，“异常伤心”。

这样，1987年1月，从理论上讲我正式成为李天岩教授的博士研究生。按照学位授予的时间排序，我是他带出的第六个博士（与王筱沈并列）。在他门下总共走出26个博士，他们按先后顺序依次是（括号内是英文名字及获得博士的年份）：朱天照（Moody Chu，1982）；马莫德·莫塞尼（Mahmoud Mohseni，1984）；亨利·吉（Henri Gee，1985）；李弘九（Noah Rhee，1987）；张红（Hong Zhang Sun，1989）；丁玖（Jiu Ding，1990）；王筱沈（Xiaoshen Wang，1990）；李奎元（Kuiyuan Li，1991）；曾钟刚（Zhonggang Zeng，1991）；黄良椒（Liang Jiao Huang，1992）；金鸣（Ming Jin，1995）；邹秀林（Xiulin Zou，1995）；杨晓卓（Xiaozhuo Yang，1996）；章颖杰（Yingjie Zhang，1996）；姚清传（Qingchuan Yao，1998）；钟慧芸（Hwee Hoon Chung，1998）；高堂安（Tangan Gao，1999）；王天军（Tianjun Wang，1999）；李星（Xing Li，2000）；吴孟聂（Mengnien Wu，2000）；李宗錂（Tsung-Lin

Lee, 2007)；蔡智雄(Chih-Hsiung Tsai, 2008)；张英(Ying Zhang, 2008)；陈天然(Tianran Chen, 2012)；周梁民(Liangmin Zhou, 2015)；陈丽平(Liping Chen, 2016)。

看到上面的弟子花名册，读者或许会感到纳闷：在美国的大学当“博士生导师”的李教授，似乎没有招过一个“洋人”当学生。这一点，连我也觉得奇怪，不过我没有想到过问他可能的答案。但是和导师几十年间的交流往来，我对他的“人生取向”应该有所了解，对他挑选学生的“舍取原则”也会基本明白。答案或许在他和我们讲过多遍的一句“内心表白”中已见端倪：“我虽然拿的是美国护照，但那仅仅是为了方便，我从里到外都是中国人。”祖国的情结在李教授身上体现得十分突出。比如，当我们几个国内学生奔他而来学艺，他和我们一样都觉得学成后自然回校教书，报效国家。所以他费尽心血指导我们，力求为中国培养出合格的人才。那几年他都没有刻意留神我们的英文表达能力，几年的讨论班都用中文讲。如果他一开始就希望我们留在美国，大概不会让我们“滥用”母语了。

此外，或许除了个别人，李教授没有指导过硕士学位论文。这是由于美国大学数学系的硕士研究生一般不需要写硕士论文，只要修足一定学分的研究生课程，通过最后的“综合考试”，就会戴上硕士帽子。因此他们也就无需找上一位“论文指导老师”了。这与中国目前的做法很不一样，在国内硕士研究生不仅要写学位论文，而且还要发表一两篇“SCI 文章”才能被批准毕业。我那时候教学助理办公室的一位美国室友瑞克(Rick)来自南方的亚拉巴马州，在奥本大学本科毕业后来此读硕士学位，为人特别友善，把南方美国人的“好客”传统带到了北方，深得我的好感。他有时会问我一些数学问题，有次我回答后他竟然对我说“你怎么懂这么多的数学？”把我都说得不好意思起来。他修完了规定的课程后就获得了硕士学位离校，愉快地去公司上班了，这似乎比在中国拿对等的学位容易多了。如果按照北大前校长、代数学家丁石孙（1927—2019）先生对博士论文的评判“几乎所有的博士论文对学科的进步没有什么影响”，博士论文好像也大可不必写了。所以当年刚刚长校的丁教授对采访新校长的北大数学系学生语重心长地说：“多修课，多吸收知识，不要只想到学位论文。”美国的博士研究生教育依然把“大量修课”作为对专业人士最重要的训练。然而，学术研究的训练阶段总需要一个留下令人信服记录的书面总结，这就是撰写博士论文的客观目的。历史上还有极少数博士论文从根本上影响了学科的发展，如黎曼（Georg Friedrich Bernhard Riemann，1826—1866）的博士论文。

通过了资格考、预备考两大课程考试，按李教授的诙谐说法，“系里就欠了你一个博士学位”。但是除了最后的博士论文答辩，要拿到学位，系里还有通过两门外语考试的额外要求，在西班牙语、法语、德语、俄语中自行挑选，汉语却不在榜上。我系的中国学生曾经去和研究生事务主任交涉，问他：为何泱泱大国的美丽语言不算在内？普劳金教授笑眯眯地回答道：可惜系里没有中文数学书籍。当然五十年前可能如此，现在大概算不上正当理由了，但据说两门外语的硬性要求早已被修改，换成其他什么与时俱进的东西了。那时博士生的一般做法是，快到毕业前赶快去修两门外语，成绩为 C 就算通过，然后答辩论文，顺利毕业。如果不想修课，可以选择一门参加本系的考试，方法是带词典翻译几段那种语言书写的数学，而另外一门就必须参加全美国研究生的外语统一考试。为了让我尽早定下心来做研究,李教授甚至在一年前就叫我"夏天干掉外语考试",因为在他眼里夏天是大干快上的最佳季节。那天他告诉我,他1974年夏季写了十篇数学文章。我算走运,因为我在南大读书六年半,本科阶段修过三学期的德语,研究生期间又修了一年的俄语。我不想拖得太久,小小复习了俄语语法后,就在4月9日那天将系里不知从什么苏联数学家的作品中抄下来的三大段文字翻译成英文,马上就通过了。

德语的闭卷全国考试要难上十倍。开始我以为只要懂得语法就能考过,所以简单地温习了一下德语语法就仓促上阵了。哪知道,试卷除了没有听力部分,几乎就像托福那么面面俱到,包括词汇、改错和阅读理解。我只考到400分,离500分的及格标准相去甚远。按照统计规律,一半的考生能达到这个通过分。败下阵后,我决定认真对付它,于是花了大约两个月的时间,每天晚上挤出一到两个小时猛记冷僻单词,复习语法规则。到了第二次上阵,没想到我的考分居然为690,成绩单上说全国范围内93%的考生低于它,连普劳金教授都称之为"good news",并按政策加了我的薪水。这让我异常兴奋,激动得马上写了一封信给刚到日本京都大学数理解析研究所访问一年的老板报喜,得意洋洋地告诉他这一据说创造了本系纪录的高分。哪知道李教授在回信中对我发热的头顶浇了一大盆冷水:"研究生阶段最重要的是研究,德文考高考低并不重要,pass(通过)就够了。"

从此,除了继续修课以及必做的助教工作外,我全身心地投入到研究之中。1987年下半年,我的大学同班同学魏木生来我系做博士后。他作为留系教师公费出国深造,1986年在布朗大学获得博士学位后,去了明尼苏达大学的数学及其应用研究所待了一学年后转到密歇根州立大学。他在奇异矩阵的广义逆摄动理论上写出了开创性的文章。我近水楼台先得月地读了他的最新论文,用一个投影的技巧解决了一个小小的问题,写出了我来美国后的第一篇学术文章。我将它寄给了远在日本的导师请提建议。他没有就文中的数学推理给出多少具体意见,却大大褒奖了我独立自主找问题做研究的主观能动性,强调这才是研究生"应尽的义务",这给了我巨大的鼓舞和鞭策。我把文章投到在荷兰召开的一个系统与控制国际学术会议。虽然我未能去那里开会,会议论文集却接受了我的投稿,这成了我毕业前发表的第一篇数学论文。

在接下来的冬学季和春学季,我继续修课,同时劲头更足地研究内点算法。但我时刻不忘向头脑里输送现代数学的养分,即便它们与我目前的研究没有关系,因为我深知年轻是吸收有用知识的最佳年龄。我甚至还加入到本系几个拓扑学教授和他们的弟子进行了一学季的学习阿蒂亚-辛格指标理论(Atiyah-Singer index theory)的讨论班,深感有益。大量修课是美国博士生教育的一个特点。就密歇根州立大学数学系而言,在通过了博士资格考后,还要求在五个数学分支中至少修其中四个的一学年三学季课程,并选择其中两门作为博士预备考试的内容。这与中国或西欧一些国家的做法不太一样,在那里从事研究是博士生教育的主旋律。既然每学期都要修课,我就专选和旁听那些我在国内没有修过的课程。同时,我手上要读的研究论文越来越多,下一年李教授回美国后也不时抽时间把我叫去一起讨论。他是现代同伦延拓法的鼻祖,我也学到了这一招,把它用到内点算法中,终于和他合作了一篇关于线性相补问题基于道路跟踪预测-矫正内点算法的文章。当我写好初稿给他修改时,他一看到我毕恭毕敬地把他的名字放在我的名字前面，马上将它们颠倒了次序，并告诉我，数学文章署名的约定俗成是按照英文姓氏首字母的先后排序（即所谓的“字典排序法”，如果首字母相同，则由下一个字母的次序确定，以此类推）。

那时，美国工业与应用数学学会决定创办一个新期刊，刊名是《SIAM最优化杂志》（*SIAM Journal on Optimization*），以强调最优化这个学科的重要性。李教授将我们的这篇文章投去了。不像他当年跟约克教授开的一句玩笑真的让导师把《周期三则意味着混沌》投到《美国数学月刊》，我对李教授的投稿之举却没有丝毫暗示。文章被接受了，甚至被安排刊印在其创刊号上，但出版日期已经是在我毕业之后的1991年。当我在新的教书学校收到这本刚刚出生、扉页上印有丹齐格敦厚老人头像照片的新杂志，看到我和导师合写的第一篇文章能在这里亮相，对导师的感激之情油然而生。事实上，直到1989年夏季结束前，我曾打算将这些内容整理成为我的博士论文，但后来的结局却是始料未及的。

1988年夏，李教授结束了一年的学术假，由日本返回美国。他马上决定下一学年在系里开一门“应用数学高等论题”的学年课程，名字起为“[0, 1]上的遍历理论”。原因之一是他计划将上一年在日本京都大学数学系所做的一系列演讲材料整理成一本书。普渡大学数学系的莫宗坚（1940—　）教授和他约稿，计划由台湾的一个科技基金会资助出版。莫教授的博士生张益唐（1955—　）三十年后因对孪生素数猜想研究的突破性成果而誉满全球。李教授想在正式写书前系统地授课一年，以便为更好地写书而组织材料和调整结构。在这之前，我们弟子中大概很少有人知道他在70年代中期到80年代中期的大约十年间，居然在我们一窍不通的遍历理论领域也做出了非常了不起的贡献。后来我听他说过，日本数学界对他在动力系统和遍历理论领域所做的工作十分推崇，邀请他作为京都大学数理解析研究所地位崇高的“海外访问讲座教授”驻所一年，所付的薪水是那里正教授工资的1.5倍。导师开设的课，我们当然要修，不仅出于尊敬，还有好奇之心，看看他年轻十岁的时候到底干的还有什么行当。于是，除了一位忙于写博士论文预备第二年毕业的弟子，其余他从国内录取的博士生统统修了这门课。第一个学季，如果不是还有一对美国博士后夫妻来旁听，李教授甚至可能会用母语教课，就像我们在讨论班上所做的那样。

那一学年下来，他的弟子最大的收获或许就是在遍历理论里云游了一番，重新和测度论及积分论等分析工具热恋了一阵子，大大开阔了数学的视野。而对于我，这门课完全改造了我，改变了我的研究领域，也重铺了我未来的学术道路。1989年6月初学年一结束，李教授来找我，问我愿不愿意在发给我们的他在京都大学基于几篇论文的英文演讲稿基础上，帮他起草一本系统的写法自我完备的中文书。如果我接受这份信任，可以推掉系里的夏季资助，不必教书，而他可以从他的国家科学基金会奖给他的夏季研究资助中，拨出一份给我当工资，这样我就能够集中精力写书。我受宠若惊，当然答应啦。这除了是巩固已学知识的极好机会，也为锻炼我的学术写作能力提供了练兵场所。实际上，李教授已经发现我开始喜欢上了遍历理论这个集泛函分析等多学科于一身的现代数学领域。我后来能完成几本专业书和大众读物的写作，这第一次的写书经历功不可没。

这门非同寻常的课，也进一步深化了我对泛函分析的理解。我在大学本科就被泛函之美吸引，不仅修课成绩拿到优，而且看了好几本匈牙利和苏联分析大师写法各有特色的参考书。然而该学科最包罗万象的皇皇大著我却没有读过一个字,甚至连这本书都没有听说过,可见我在国内读书的环境多么闭塞,阅读的范围多么狭隘。有一天,李教授在课上提到邓福德和施瓦兹这部恢弘巨著三卷本的第一卷《线性算子第一部分:一般理论》,吐出一句评判之语:这本书最后一章前面的所有章节就是为了一个目标即最后一章所论及的“遍历理论”而写!我当时听之却不甚明白,以为是“耸人听闻之语”。从我修课到自修泛函分析的历史来看,我从未在一本泛函分析的入门书中看到过遍历理论这几个字,读到的都是“线性算子”“线性泛函”或“对偶性”这些泛函分析的基本概念,以及“开映射定理”“闭图像定理”或“巴拿赫-斯坦豪斯定理”等这些基本定理,哪有遍历理论的影子?但是随着对遍历理论基本内容的不断了解,我越来越觉得李教授“所言极是”,极具洞见。当这门课结束时,我甚至觉得可以略带夸张地说,遍历理论就是泛函分析的代名词。于是,在之后的几年间,我一面做关于计算遍历理论的研究,一面从头到尾地通读了邓福德和施瓦兹这本书厚厚的第一卷。

那年春天,我还未见过面的女儿也来到我们身边。接受李教授委托我帮他起草中文书稿任务之后,我有一个机会去西部北加州开会,便率领全家坐灰狗长途汽车从密歇根州西行,一路停下拜访老同学老朋友。回来后,我就全力以赴地开始写作。对每一章节,我先在腹中酝酿一番,将一切自认为所需的材料考虑成熟后,一气呵成不打草稿地直接写在稿纸上。两个月后,我完成了这项工作。正是在写作书稿最后一章接近大功告成之时,我脑袋里突然冒出的一个疑问改变了我的世界。

那一章的内容就是上一章介绍过的乌拉姆方法以及李天岩就洛速达-约克区间映射族对乌拉姆猜想的证明,标题就是他1976年那篇著名论文题目中的前一部分"弗罗贝尼乌斯-佩隆算子的有穷维逼近"。我在他春学季的课上充分消化了这段历史的演化进程以及证明的基本思路,所以我很快就按照自己的语言写好。然而,受过计算数学基本训练的我,很快就想到一个问题,即用逐片常数函数来逼近一般的可积函数,在计算数学家的眼里是最为简单和粗糙的做法。为什么不能采用逐片线性多项式甚至逐片二次多项式来逼近呢?

几年中,李教授一直鼓励我独立思考,主动出击,不放过任何有意义的问题。于是我像他年轻时一样,好奇之心开始跳动,马上拿起纸笔,开始研究高阶逼近方法。我抽出乌拉姆方法的两个特点,一是它保结构,即保持函数的正性和积分,二是它属于广泛的一类投影算子,所以我构造出两大类逐片线性或二次多项式函数逼近,分别将它们命名为"马尔可夫有限逼近法"和"伽辽金投影逼近法"。其中我送上荣誉的两个人马尔可夫(Andrei A. Markov, 1856—1922)和伽辽金(Boris Grigoryevich Galerkin, 1871—1945)都是俄罗斯数学家,该民族对数学的贡献从这里就可略见一斑。对于乌拉姆方法能收敛的洛速达-约克类的区间映射,运用同样的有界变差技巧,我证明了新方法的收敛性。在电脑上的计算结果也证实这些高阶数值方法比乌拉姆方法收敛得快很多。到了90年代初,刚去密歇根州立大学数学系任教的邱志嘉和杜强博士在李教授的建议下,研究了这些方法的收敛速率。在此基础上,我和李教授于1998年发表了一个统一的收敛速率理论和误差估计。

但是,我并不是提出计算动力系统不变密度函数使用一般逐片多项式函数方法的第一人。事实上在七年前的1982年，两位日本的电子工程学家在本国期刊《日本电子与通信》(*Electronics and Communications in Japan*)的第65-A卷第六期上发表了一篇文章《一维差分方程不变密度的逐片多项式伽辽金逼近》(Piecewise polynomial Galerkin approximation to invariant densities of one-dimensional difference equations)。但是他们只提出了一类逐片多项式投影算法，却没有给出在可接受假设下的严格收敛性分析，这是许多工程界论文的一个特点。这也和有限元法的历史类似，结构力学家早就采用了有限元的方法，但只有计算数学家(包括中国伟大的冯康教授)给出了有限元方法的一般数学理论和收敛性分析。

我三十年来的主要研究领域——计算遍历理论——的千里之行，就始于这项完全没有事先规划的工作脚下。它与我那两年沉浸于其中的内点算法研究，鲜有共同之处，难有交叉之点，看上去是相距十万八千里的两块学术园地。但是如果我们相信"数学是一个有机整体而各分支则是它的不同侧面"这句睿语，那么我两年来所流的汗水实际上化作了肥料，在前一个领域的学习也给了我进入新领域的部分灵感。

1989年8月底，我完成了李天岩教授中文专著的初稿。作为副产品，也拿出两篇学术文章。在这夜以继日的两个月，我不仅初步完成了一本计划出版的中文学术图书，而且还开启了一项新的有意义的研究。更让我感到惊喜的是，李教授不仅对书稿表示满意，而且更肯定了我在学术上主动出击的做法。他应该知道，这就是他的榜样烟火给我全方位的熏陶所致。之前他曾认为我关于内点算法的工作可以构成一篇博士论文，次年就能毕业，但我新的研究结果，使得他决定我的博士论文应该属于计算遍历理论的范畴。那一天在我的研究生教学助理办公室，他和我在谈了其他事后，亲切地对我说，“你就把你刚完成的这些工作整理成博士论文，准备明年毕业。”

1990年8月2日，我顺利通过博士论文的答辩。之前三个月我已获得南密西西比大学数学系的助理教授位置，将开始我漫长的教书匠生涯。那个月我和李教授见面数次，满足了彼此感情交流的需求。就在8月10日的下午，他在办公室与我的长聊中告诉我，当年我申请来读书时，有人并没有推荐我，而是告诉他我对何旭初先生不尊重。我对不推荐我并不埋怨，但不太理解为何不推荐者却信告我的硕士导师说他推荐了我，以至于何先生在第一次回我的信中提醒我要“吃水不忘掘井人”；自然我一到了美国，便在主动写给对方的信中表达了真诚感谢之情。我听了李教授坦率还原的这段真实历史的小小插曲，心中特别感谢他当年谨慎地接受了我当他的学生。在过去的几年中，他发现我对我国内的硕士导师以及国外的博士导师都很尊重，用他那天对我说的话就是，“何旭初去世，看得出你很难过”。那年4月底，何先生不幸因病去世。我在美国征集了许多南大数学系同学的签名，代表他们发了唁电传真到母校，在追悼会上的宣读感动了在场的老师们。我失去了何旭初先生，但我和李天岩教授的师生之情还要向前持续三十年！

8月21日是我作为密歇根州居住者的最后一天。下午与对我帮助很大的一些教授和秘书深情告别后，四点半我赶到导师的办公室和他彼此动情、依依不舍地说声“再见！”互道珍重。第二天清晨，我和我的全家开车南行，去了1000英里之外的美国深南地区，开始了我的新职业。但是，李天岩教授和我的师生情缘继续向前延伸，永不停息。

第五章

读书妙法

每个人从念小学甚至幼儿园起就开始读书，一生中到何时开始厌恶读书则因人而异。不想读书者或者天性如此，或者因老师的误导而失去读书的兴趣，不一而足。而那些一生中充满好奇心向往真理追求知识的人，肯定是把书读到生命的终结。但是，至关重要的一个问题是：怎样读书？

我读到过一位海外华人物理学家谈论读书的一段文字，觉得可以在这里引用。他分析道："读书有两种方法，依动机而定：1. 为知识。2. 为超越。中国传统是前者，强调吸收知识，充实自己，打好基础，继承先人。西方精英传统是后者，一开始就为了超越。两者都需要知识，但数量与读书方法完全不一样。前者是读得越多越好，越精越好，并且读时假定书本写的（基本上）都是对的；后者相反，少读、速读，假定书本写的都是错的，以便尽快创新超越。有些名著、经典，不可能每句都错，但后者的态度仍是先假定它错，读时设法想它为何错，或为何对，如觉得对，也是暂时接受，存疑，以便日后更新。"这位教授继而举例说明他的论点，其中之一是几乎人人都知道的爱因斯坦(Albert Einstein,1879—1955),他的相对论起始于对牛顿力学“绝对时空”观念的质疑。他随即问道:读书有“十年苦读知识化后再超越”的第三种方法吗?他的回答是否定的,认为此法不通。他的论据是“创新都要趁年轻,更重要的是心态,立志创新的人不会、不该有耐心去苦读人家的东西的”。这或许和出名很早的张爱玲(1920—1995)的经典名言“出名要趁早”一个理由。

我想“十年”的量化仅仅是个通俗的说法,它所表达的要义是书不能读死,要有的放矢地读书。固然,从事任何创造性研究都需要一个“打基础”的预备阶段,这个阶段可以相对长些或短些,却不应该是“无限长”。史学大师陈寅恪(1890—1969)先生说过能够读书的一个必要条件,仅有六字:“读书须先识字”。这实为常识性的大白话,却很有意义。另一方面,不能为了读好书,先去把康熙字典中的字统统认识,因为这样的条件大概没有人能够满足。最好的方法或许是我女儿小时候学中文的做法:在会认基本的汉字后,大读金庸(1924—2018)的武侠小说,碰到不认识的字查字典,几年下来,金大侠的小说全部读完,中文也达到在《人民日报》海外版上发表文章《向你介绍我》的水平。以此类推,我们可将研究学问前的“打基础”过程视为学会读书前的识字阶段,基础训练足够达到适可而止的地步,就可以进入探索研究的阶段了。

2011年秋,创刊第二年的中文数学普及杂志《数学文化》第二卷第三期刊登了我的一篇文章《传奇数学家李天岩》。这是我第一次在媒体上比较详细地介绍李教授的学术成就、治学经验和传奇人生。在之前的6月上半旬,李教授应香港浸会大学理学院院长汤涛教授邀请,在那里做了一系列数学演讲。汤教授与山东大学的刘建亚教授是《数学文化》杂志的共同主编。为了让读者更多地了解这位传奇数学家的一言一行，汤主编特地征询李教授，能否授权杂志将他曾为台湾普及性数学期刊《数学传播》撰写的一篇随笔《回首来时路》，作为“相关链接”附在我的文章后面重新发表。李教授不仅同意，而且挤出时间对旧文再次润色。文章写得特别精彩。我那时就感到，读了我上述文章中的传主对自己一生读书研究过程的岁月回眸，读者内心深处被他的真知灼见所激起的共鸣之感，绝对大大补充了从我那篇文章对他学术成就的刻画和逆境拼搏的描述所涌起的尊敬和赞叹。2020 年6月26日，李教授一天前在美国去世的消息传到国内，《数学文化》公众号再次重发了我九年前发表的这篇文章，其他一些与数学有关的微信公众号也转载了《回首来时路》，以这种最有意义的方式表达了对李教授的深切哀悼。

我记得在极负盛名的匈牙利裔美国数学家哈尔莫斯(Paul Halmos，1916—2006)逝世一周年时，为了纪念这位数学写作和数学演讲的顶尖高手，美国数学会在它自己的会员通讯刊物《美国数学会会刊》上，以标题《保罗·哈尔莫斯：用他自己的话》(Paul Halmos: In His Own Words)重印了他关于写作、演讲、阐述、发表、研究、教学、数学、纯粹数学和应用数学以及成为数学家那些脍炙人口的名言语录。我读了之后深受启发，相信广大读者从那里所获得的教益远大于仅仅知道他的一些“名人轶事”。

前面叙述的李天岩教授一生最著名的数学成就，以及后面将要描绘的他几十年如一日的逆境拼搏，固然会让读者钦佩之至，惊叹不已，但是如果能够从他的读书妙法和治学之史中学到什么，更会帮助我们收到“临渊羡鱼不如退而结网”的效果。所以本章以及接下来的两章，我将通过回忆我所知道的李教授的读书历程和治学方法，结合我自己来自实践的经验教训和心得体会，探讨一番“怎样读书”这个每一位想读书的人都回避不了的问题。这里所说的“读书”，当然不只限于读数学书，也包括以逻辑思维为主导的科技书。虽然常读人文书籍定会触类旁通地强化自己的形象思维能力，我自己从小到大也一直爱读人文书籍，努力平衡好自己头脑中的逻辑思维和形象思维两桶水，让它们相互扶持，为我服务，但是这里我不会班门弄斧地告诫他人怎样读文学作品。

要想读好书，从小就要培养出读书的热情，走好这第一步，一劳永逸，终身受益。十分庆幸的是，我的父母少年时代饱受日寇入侵战火之苦而失学，但自强不息，自学成才，新中国诞生后创办家乡学校，我就诞生于校园之中。他们鼓励子女读书自学，无师自通，只给出方向性的引导，却不施加细节上的干涉。我的中学是在特殊时期读的，学校里的课堂无法提供正规的传统基础知识，所以高中毕业后父母为我向他们最得意的学生借了一套老高中数理化教材十八本。我在三个月内通读了这些书，也做了笔记。我的初等数学基础就是这样建立的。虽然之后我在工厂干了五年活，但那次自学的贡献之一就是让我通过了恢复高考后的首届高考而进入大学。可是，这个经历对于我的潜移默化的最大贡献，就是让我一生都有读书的热情，或者更精确地说，有读书的激情。

这一点，我和李天岩教授完全属于同一类，而且他读起书来甚至比我更有激情。90年代有次他先来我家访问我，几天后我开车带他去访问在邻州一所大学任教的他另外一个弟子、和我同年去密歇根州立大学读博士的李奎元。那是个美丽的海滨城市，海滩是白沙一片，令人流连忘返。李奎元自然带上我们去海滩一游。

在导师逝世当日我们弟子举办的网上追思会中，李奎元教授深情地回忆道，那次李教授去他那里时，他带上老师去了美丽的白沙海滩，也特地带上了海滩躺椅，用意就是让他悠闲舒服地躺在上面好好欣赏海景。但是只见李教授不慌不忙地从自己的随身包里拿出一本数学书来，在惊涛拍岸的海浪乐曲声伴奏下，在风景宜人的"秋水共长天一色"下进入读书状态。这让弟子甚为惊奇，深深敬佩，也记住了一辈子。

培育出读书的热情，还只是爱读书的第一先决条件。第二先决条件是读书时的专注，这对本章重点谈论的读数学书尤其关键。很难想象，不专心致志地读书会把书读进去，除非读书者只满足于浅尝辄止。须知专注者看书一个小时的功效，丝毫不亚于读书分心者五个小时的劳动所得。如果真的想学好现代数学，注意力不集中的人必须下定决心排除万难，先学会专注这门"童子功"。如果这样，你就满足了读好高等数学的一个必要条件。须知高等微积分中深奥的极限理论非凝眸定力一字一句地琢磨，不能深刻领会其精神实质，顶多只会是扑朔迷离的一知半解，似懂非懂。

专注的资质可能带有一点先天的因素，有的人天生就能在热闹的场所心无旁骛，安静读书，但另有一些人即便处于静谧的环境也难以埋首，静不下来。前者的附近即便存在如花似玉的美女或体格健壮的俊男，也不会受到干扰；而后者一有风吹草动就会坐立不安。我的大学班级中就有这样不幸患上"多动症"的同学，晚自修时不时东张西望，而另一个同学却像雕塑般地端坐在书桌前两个小时动也不动。很自然，他们读书时的效率以及随之而来的学习效果就会不可同日而语了。

如果缺乏生来就有的读书专注基本功，当然也可以后天培养。京剧大师梅兰芳(1894—1961)先生的经历为我们提供了改造自己先天弱点的一个好做法。作为京剧界最负盛名的花旦演员,不知情者可能会以为梅先生是一个天生的戏剧家。其实,虽然他生于梨园之家,却从小眼睛因近视而缺乏"炯炯有神",学艺时他的师傅也因他的"死鱼眼睛"而差点将他拒之门外。但是梅兰芳通过驯养鸽子训练眼力,几年后就使双眼眼力面目全非,最终练就了舞台上众多女性角色顾盼有神、灵气十足的一双慧眼,终成一代享誉世界的中国戏剧大师。对于"专注缺乏症"患者,可以到人多嘈杂的场所,或坐在播有音乐舞蹈的电视机前,强迫自己低头读书。这种疗法可能会有立竿见影的效果。

李天岩教授在台湾长大,和我在大陆的情形一样,接受的是中国式的传统教育思想。因为中学起就对数学感兴趣,他1963年以第一志愿考进台湾新竹清华大学的数学系。然而刚进大学,这个由于经常解出"难题征解"而颇为得意的优秀高中毕业生,入校第一个月却和同窗学友一样,差点就被所遭遇到的微积分"ε-δ"极限语言给"逼疯"了。有个同宿舍学生觉得什么都搞不懂,甚至要写遗书离开这个"鬼世界"。这也是我当年在南大学生宿舍里见到的情形。那时我的同寝室其他八个室友中,就有好几个夜间打手电在被窝里死死琢磨那套看不懂的数学语言,或者为了不影响别的同学,偷偷钻进气味难闻的洗手间借光读书。尽管失去了许多睡眠时间,部分同学单元测验还是过不了"极限"关。他们变得十分沮丧,甚至疑心自己的智商是否有问题,到头来毕不了业。

其实,能考进数学系的,都不是天字第一号的大笨蛋。问题出在教育的理念和书本的写作或挑选上。大学毕业几十年后,李教授再次回忆起当年的读书时代,深感他们的数学老师头脑里存在着一个顽固的想法,那就是:教材越深,教出的学生水平越高。他们没有想到,理解高深或抽象的数学必须要从理解初等或具体的数学入手。这是因为任何抽象的数学概念,其源头并不是哪个天才大脑灵光一现的无中生有,而是对具体现象基于直觉总结规律的理论提取。教科书是前人研究成果的总结,一个理论经过多少代辛勤劳动者的努力后,终于发展为看上去日臻完美、宏伟坚固的数学结构。但不幸的是这座大厦建成后,为了视觉观赏的美观,为了逻辑推理的荣耀,脚手架被快速地拆去了,学科发展概念演化的历史失去了"刺探军情"的巡逻兵来回探索的蛛丝马迹,铺下的只是一条标满"定义—定理—证明—推论"一系列路牌的完美无缺的柏油路大道。如果教科书选得不合适,也就难怪有人要"跳楼自杀"了。

读到李天岩教授文章中的微积分往事,我情不自禁地陷入了沉思。我首先想到东方西方两个最具代表性的国家——中国和美国——对大学数学系微积分教学的不同方案。我在国内一直读到硕士学位,毕业后也教过物理和天文两个系新生同堂共修的高等数学,对中国的微积分教学体制还是知道一些的。拿到博士学位后,我在美国的大学教了三十年的书,对美国的教学实践可以说有更为切身的了解。这两个大国到底是怎么教微积分这门对理工科大学生来说最重要的数学课的呢?我先回忆四十余年前我在中国接受大学教育时的观察吧。

在中国,微积分的教学是分等级的。自然这不是根据带有歧视性的"社会等级",而是基于所学专业与数学的关系。像李天岩或我这样考进数学系,被认为是未来的职业数学家或大学数学教师不二人选的,应该给他们最精深的数学训练,而且是"越难越好”。于是大一的第一门数学课微积分必须按照苏联的叫法——须知从共和国诞生开始我们的高等教育就以苏联为师了——改称“数学分析”。这门课我班同学共上了两年，用的教材是吉林大学江泽坚（1921—2005）教授等人所著的两卷本《数学分析》，先后各教一年的颜起居老师和倪进老师现已离世。我的大部分课堂情景如果没有写在日记里，现在都已经记忆模糊了，但我依然记得第一节课的内容为关于逻辑推理的艺术，即完全搞懂充分条件和必要条件的含义。如果说第一节课对大部分同学还算小菜一碟的话，那么第二节课就开始让很多人痛苦难熬了，因为颜老师课上不停解释的概念是关于有界实数集的“确界”。它是有穷个实数组成的集合一定有最大数和最小数这个简单事实的推广，在处理包含无穷多个实数的集合时是不得不需要的一个关键数学术语，属于严格处理微积分的极限理论之基础“实数完备性”公理的内容。

如果问我班同学他们大学四年何时最苦，大概几乎所有的人都会坦陈“第一学期最苦”。他们都是聪明人，高考成绩的平均分在全校各系中与天文系并列第一。然而，他们刚进大学，就被严酷无情的“ε-δ”极限语言揍得鼻青脸肿，惨不忍睹，只有少数几个进校前和微积分约过会或脑袋瓜超强的同学除外。那么，问题到底是出在哪个环节呢？

李天岩教授执教了四十余年的密歇根州立大学数学系，按照他在文章《回首来时路》中的介绍，“根本禁止在一、二年级初等微积分的课程里灌输学生这些 ε-δ 的抽象概念”。试问，这么做的道理何在呢？

原因其实很简单：在中国数学系学习微积分一步到位的数学分析教学法，重点学习的是关于微积分理论的逻辑推理和定理证明，而非强调先行理解来自直觉和物理的微积分思想。众所周知，微积分是17世纪由英国物理学家牛顿（Isaac Newton，1643—1727）和德国自然哲学家莱布尼茨（Gottfried Wilhelm Leibniz，1646—1716）各自独立发明的。牛顿为了精确地表达他的第二运动定律及万有引力定律，创立了他称之为“流数术”的微积分。其他急需解决的几何和力学问题导致莱布尼茨也创建了微积分，并设计出更好的运算符号。作为人类文明史上最伟大的数学发明，微积分的思想和方法推动了近现代科学的发展。这些强大的思想和方法实际上处处体现在并不太强调“ε-δ”语言的初等微积分内容里，而高等微积分中的严格处理则表现在牛顿和莱布尼茨身后两百年间慢慢严格化所形成的那一套极限理论。在微积分初创时期，实数的完备性还在虚无缥缈之中，甚至微积分学中的最基本概念“函数”的定义还是一团糟，让当时的数学家莫衷一是，譬如有人说函数等同于一个代数表达式，又有人称函数就是一条曲线所代表的变量关系。可是，尽管“什么是函数”这个问题几百年没人能给出最令人信服的答案，但那并没有太大地影响微积分的发展以及它推动人类文明进步的火车头作用。经过了不知多少年，我们才有了今天在任何一本初等代数教材中都能看到的函数的现代定义。

但是，无论是60年代初的新竹清华大学还是70年代末的南京大学，都没有充分尊重学科发展先直观后逻辑、先具体后抽象的科学发展观，而是过分强调严格性，一开始就让学生在抽象概念的迷宫里捉迷藏。一个美国大学生，读到李天岩的如下大学课程表时肯定会吓得跳起来：“看那！我在念大二的‘三高’时，高等微积分用的是Apostol的数学分析；高等几何用的是Halmos的有限维向量空间；高等代数用的是N. Jacobson的抽象代数讲义；微分方程用的是 Coddington 的常微分方程导读。大三念近世代数时，用的是 van der Waerden 的现代代数；念复变函数论用的是 Ahlfors 的复分析。另外，大三还念了拓扑学、数论；大四念了泛函分析、李群、实变函数论（用的是 Royden 的实分析）、微分几何（用的是 Hicks 的微分几何讲义）。”幸亏他生来天资聪慧，他才留下漂亮的记录：“这些课不但都修过，而且成绩都不错（大四修的课都在 90 分以上）。在表面上看来，这个记录的确是相当牛了，不是吗？”是的，这个美国绝大多数大学的数学系硕士研究生都没见过的课程表，把他后来的博士论文导师、大学阶段几乎全是“C 或 C 以下”的约克教授着实吓了一大跳：“记得约克教授头一次看了我当初在清华念书的档案时，显然是吃了一惊。以为我是哪路杀来的高手，功力无比深厚。”

然而，李天岩教授接着说，“现在回想起来那个档案里所记录的实在是有极大的误导性”。他认为他只是记住了定理证明的逻辑推理，这一步推出下一步，下一步推出再下一步，如此而已罢了，而并没有真正掌握证明背后的思想到底是什么。这就是为何我一到美国给他做第一个学术报告，他就先定下“我要知道文章的关键想法”这个听讲基调的缘故。多年的修炼让他认识到，“抽象数学的出发点多半起始于对实际问题所建立的数学模式，然后将解决问题的方式建立理论，再抽象化，希望能覆盖更一般性的同类问题。因此在学习较高深的抽象数学理论之前，多多少少要对最原始的出发点和工具有些基本的认识。要不然，若是一开始就搞些莫名其妙的抽象定义，推些莫名其妙的抽象定理，学生根本无法知道到底是在干些什么。可是为了考试过关，只好跟着背定义，背定理，背逻辑，一团混战。对基础数学实质上的认识真是微乎其微。

我们那时的学习环境大致如此”。最后一句的黑体字是我加粗的，因为这依然是华人世界学习数学从学校到家庭的普遍现象。

那么美国人是怎么学微积分的呢？在美国，微积分的教学分成初级阶段和高级阶段两步走，即不管你是聪明异常还是天生愚笨，先学初等微积分，再学高等微积分。这就让学生们重走微积分从诞生到辉煌的两百年历史道路，先拥抱思想的洗礼，后接受逻辑的训练。这个“两阶段论”不是仅仅针对数学系学生的，而是对所有学生而言的，自然包括文科学生。一个可能令中国的文科大学生极为吃惊的例子就是数学最高奖菲尔兹奖得主、理论物理学家威腾（Edward Witten，1951—　）。他的大学本科专业是历史，肯定也是依次修了初等微积分和高等微积分，最后爱上了理论物理学。而数学按照俄罗斯杰出数学家阿诺德的观点，“是物理的一部分”。

美国各大学开设的初等微积分课程名称和教材标题都叫Calculus，至少要修三个学期。研修四学期每周上三节五十分钟课的教学大纲一般是：第一学期覆盖微分部分，第二学期是积分部分，第三学期为无穷级数等，第四学期则讲多元微积分。这是面向全校的公共数学课。任何专业的学生，无论是必修还是选修，不管是大一还是大四，都可注册此课。没有学过微积分的部分研究生，只要愿意或系里要求，完全可以注册此课。“初等”之后的高等微积分（Advanced Calculus），基本上等价于中国大学数学系学生大一第一学期就开始必修的数学分析。这种分两步路走的先后顺序，符合数学教育的客观规律。其实中国其他学科的教学大部分都遵循着先初等后高等的自然顺序。比如培养物理学家的物理系，先学牛顿力学，再学相对论力学，尽管前者可以看成是后者当物体运动速度较小时的特殊情形。试问，如果跳过牛顿力学而直接学相对论力学以节省教学时间，大多数学生能听得懂吗？回答是不言而喻的。可是我们大学的数学系，却让数学分析在大学新生才进校门时就闯进他们的教室。

初等微积分学完以后，对于美国数学系的学生，他们基本上也已修读了比较简单的以计算为主的初等线性代数和初等微分方程。这时候，他们对微积分的基本概念相当清楚了，也对组成数学的其他一些学科有了充分的了解，着重训练数学思维的高等微积分自然而然地放在了他们的面前。对于大多数高校，这是数学系高年级的必修课，好的学生在大二或大三时注册修它，但也有不少人读了数学系的研究生后才开始修作为必修课的高等微积分。正是因为高年级大学生和研究生都有高等微积分的需求，很多学校的数学系干脆将这门两学期的课程同时标记为合二为一的大学生课和研究生课。大学生可以和硕士研究生甚至博士研究生同堂上课，这在中国比较少见，但在美国是个司空见惯的现象。

其他理工系科的大学生或研究生，高等微积分不一定是他们的必修课。但是，部分希望得到更多数学养料滋补的非数学专业学生，则跨系选修这门课。他们眼光远大，不局限于只学与自己专业有关的那些专门知识。他们知道现代科技的主要语言就是数学，只有掌握足够多的数学知识，才能在他们未来所从事的职业中将自己的理论分析水平上升到足够的高度。于是，他们的眼光也瞄向了高等微积分甚至更加“高等”的一门分析课——实变函数论，其中的少部分精英连包括泛函分析在内的现代抽象分析也敢注册选修。没想到，一经过“ε-δ”极限语言的战斗洗礼，他们头脑中的数学细胞成倍生长，甚至可能以为自己的智商也大大提高了。他们大脑的思维习惯马上脱胎换骨，对数学的理解力判若两人，对数学的洞察力顶礼膜拜，最终发出对数学之美赞不绝口的感叹。这不仅强化了他们今后作为优秀应用人才的潜在素质，更有甚者，有那么几个幸运儿，竟然发现了自己的天赋所在和爱好的最终落点，一脚跳进数学系，追求新的人生梦想。我所知道的一个例子当是“控制论之父”、美国第二个国家科学奖得主维纳（Norbert Wiener, 1894—1964）最得意的弟子莱文森（Norman Levinson, 1912—1975）。这个数学天才进麻省理工学院读本科时的专业是电子工程，并获得学士和硕士学位。但是维纳在数学课上发现了莱文森的才华，引导他修完了数学系几乎所有的研究生课程，然后又将他送到自己曾在那里茁壮成长的剑桥大学。莱文森在那里四个月内写出两篇数学论文，回到母校马上被授予博士学位。他后来成了麻省理工学院数学系发展壮大时期的灵魂人物之一。

好了，如同在数学中常做的那样，在转而仔细讨论“读书妙法”之前，我们先给出一个假设，即所学科目的任课老师和所选教材都令人满意；如果属于自学，则也假设学习的动力不是问题。此外，智力的作用并不是我们所要考虑的一个因素。在这些比较理想的背景下，我们怎样才能够卓有成效地读好一本数学书？

李天岩教授经过长期的书本学习和研究实践，已经总结出宝贵的读书妙法。我也在过去几十年的读书生涯中，积累了一些“读好书”的心得体会。离开师门长达三十年，我和他的师生之缘不仅没有褪色，而且不断增添光彩，其中的一个关键因素是我们对关于人生、学习、教书、研究、演讲等的许多问题有着几乎一致的看法，也遵循着我们都强烈认同的行动准则。这一章重点谈论的“怎样学数学”，固然是对李天岩教授一生读书研究的一个概括，其实也穿插着我对读书学习的点滴理解。我们师生都深刻体会到学好数学的最重要法宝就是对概念的精通。其实这也是我的大学同班同学中那些数学学得透彻的一部分人的共同体会。由于在2015年7月庆祝李教授70周岁的师生聚会中,我和师爷约克教授就教育问题进行过全方位的交流,我也会转述约克对读书的一些真知灼见。

数学以公理和公设为前提,以定义为先导,以逻辑为手段,逐步推演出揭示概念各种性质以及与其他概念相互关系的有用命题。在这一过程中,推理的艺术至关重要。而我们看懂定理证明的一切本领,最初的训练来自中学所学的欧几里得几何。1977年江苏省高考统考数学满分者、我的大学同班同学魏木生,在密歇根州立大学和我的一次聊天中认为,平面几何是中学数学课程中最重要的。

在数学中,一个新的概念的定义必然用到其他概念,而属于它的命题不外乎关于概念的性质、用途或与其他概念的关系。在一个命题的叙述中,所有涉及的概念都必须已被明确而清晰地定义,否则即便天才也看不懂这个命题。故在它们的证明中,所碰到的数学概念无处不在。因此一碰到某个概念,就应该在脑海里浮现出关于它的完整图像。比如说,在微积分的级数理论里有个简单的命题:若无穷级数收敛,则该级数的通项数列一定趋向于0。在这个命题当中,有两个基本的名词概念,即“级数”和“数列”,还有一个极其重要的“收敛”概念,分别用于级数和数列。所以在证明这个命题时,一定要对这几个概念的定义以及它们之间的关系了然于胸。如果连级数收敛的定义还停留在模模糊糊的状态,或者根本还没有搞懂一个级数的通项数列与该级数部分和数列之间的关系和区别,怎么能从一个级数的收敛性推导出它的通项数列趋向于0这个级数收敛的必要条件呢?

虽然概念这么重要，但是太多的学生却没有把它放在眼里，或者根本就不知道“掌握概念”这个读书利器。原因之一或许是，他们在进入大学前的中小学阶段，就被高考指挥棒和题海战术所误导，只求死记硬背。他们被动接受这种最差的读书方法，另一个原因或许是，对于他们而言，背诵定义比理解定义更容易、更轻松。背诵定义只是机械性的行为，就像旧时代私塾先生摇头晃脑地教学生背诵古书一样，而理解概念则需要大脑的思考投入。写得好的数学教科书中的概念定义，表达得十分清楚，遣词造句也很节约，即句中没有多余的话语，每个单词都有意义。要完全理解包含许多逻辑连词的复杂定义的内涵，绝非光靠背得滚瓜烂熟就能驾驭。它需要阅读定义时不停顿地苦思冥想，并且要绞尽脑汁地彻底弄懂。检验自己是否真正搞懂了某个定义，一个妙法就是询问自己这个定义不成立时应该怎么说。如果说不出来，大概离真懂还有不少差距。

李天岩教授在课上教书阐述一个抽象概念时，喜欢举例说明。我在广州听他第一次演讲时就被他的“化繁为简”法迷住了，来到美国的第一个学期中，他为颜教授代课时的风采也被我记载下来，那是我在美国第一次听他上课。现在就举一例，试一试如何否定一个数学陈述。就从每个理工科大学生都学过的微积分入手。假设读者曾经学过严格的“ε–δ”语言极限定义。让我们先回忆一下这个定义：设f是实变量x的一个实数值函数，且给定函数定义域区间里的一个实数a。如果存在实数L使得对任意给定正数ε，存在正数δ，使得当位于该区间内的x满足不等式$0 < |x - a| < \delta$时，不等式$|f(x) - L| < \varepsilon$成立，那么我们称函数f当自变量x趋向于a时的极限为L。现在，下面的否定陈述“函数f当x趋向于a时的极

限不存在"用"ε-δ"语言该怎么表达呢？这是关于一个概念定义不成立时的说法。当这个概念成立所需的性质相对比较简单的时候，其否定的陈述自然也比较简单。比如说，"我是一个教授"的否定叙述就是"我不是一个教授"。然而，对于一个同时包含了"任意给定""存在""当……就"等单词和短语的复杂定义，它的否定语句就不一定能轻而易举地写出。这需要我们开动脑筋，梳理好原句中的逻辑关系，挥舞起逻辑思维中的武器，才能正确无误地将否定句写得"合乎逻辑"。读到这里的读者，就请你测试一下你的逻辑推理能力，写出"函数f在a点的极限不存在"的一个定义吧。

只求记忆、不肯思考，是当今许多人学数学时的一大错误做法，也深受李天岩教授的鞭挞。我在密歇根州立大学念书的那几年，就听他好几次讲到他的博士母校马里兰大学数学系发生的一件真事。一位外国留学生要接受一次博士资格考试的口试。主考官请被口试者证明点集拓扑学中著名的吉洪诺夫定理，但只要求她证明二维的简化版本：两个紧集的乘积在乘积拓扑下也是紧集。但是该博士生央求教授让她证明一般的吉洪诺夫定理：任意个紧集的乘积在乘积拓扑下也是紧集。原因是她已经将这个一般性结论的证明从头到尾记得烂熟于心，却不会证明定理的特殊情形。

事实上，这种现象相当普遍。一些同学早已将上述极限定义背得滚瓜烂熟，但还是没有理解这个定义背后的含义，一旦用到具体场合，或做起稍有挑战性的极限题目就如坠五里雾中，不知如何下手。在一些需要证明极限不存在，或即便极限存在但其值不是某一个给定数的场合，就更加不知所措了。在读内容不易消化的数学书时，经常会对复杂的定义或艰深的定理，一下子感到难以理解。如果这种情况发生，也不要太悲观失望。这时需要充足的耐心和自信。回顾过去的概念往往是个正确的选择。这里我们不妨借用一下美国杰出的物理学家费曼（Richard Feynman，1918—1988）在他23岁时给比他小九岁的妹妹提供的读书指导建议："你从头读，尽量往下读直到你一窍不通时，再从头开始。这样坚持往下读，直到你全能读懂为止。"这个方法是行之有效的，最适于那些希望无师自通的自学者们采用。费曼的妹妹采用这个方法读完并读懂了一本有关天文学的书，成功的喜悦促使她选择了这门学科作为终身职业。李教授长期研究求解多项式方程组，自修了与代数几何是亲密弟兄的非交换代数，我相信他的做法也和费曼的一致。我大学同学中分析数学学得比较扎实的那些人，肯定也与费曼"英雄所见略同"：读书碰到不懂之处时，马上从头再来，步步为营稳步前进，最终全盘拿下整章整节。我自己长期自学，也常用这种来回作战法战胜一本数学书中的每章每节。

看懂证明并能上升到学会证明，是读数学书的关键步骤。李天岩教授对学数学最反感的做法就是背诵证明却缺乏理解，所以如果他的学生要给他报告一个定理的证明时，他绝不会让你证明一般结论，而是叫你证明具体的简单情形，查看你是否真的搞懂了。他对学生不仅这样要求，也身体力行地示范之。在2017年接近正式退休时，他曾应邀为系里几个来自祖国的访问学生讲解他关于"连续函数周期三点存在隐含周期n点存在"的证明，其中的一个学生许士坦现在是该系正式录取的博士研究生。在他寄给我的一张李教授正在演示证明的照片中，我看到黑板上写下的是证明$n=4$时的特殊情形。证明的思路与一般情形别无二致，但更容易被听讲的学生理解。

李教授2017年给学生讲授混沌理论

问题是，在教科书或论文专著中，作者并没有写下$n=3$或4时具体定理的证明，而对定理的叙述及其对此的证明基本上都是一般性的，那怎样能看懂复杂而冗长的证明？让我们读一读约克教授的建议：

学生（甚至教授）要试图理解证明中的关键思想，并最好找到两个关键的想法。这些关键思路不一定非得以“引理”的面貌出现，因为书中也许指出了太多似是而非的关键线索。其实关键思想往往是令学生大吃一惊的那个，因而不同人会挑出一个证明中的不同关键想法。它们是提高我们理解力的关键要素。一个关键的点子也许会有复杂的证明，故学生们应当从这个过程中发现两个关键的思想。

2015年7月，在给我的一个长长的电邮中，约克教授举了两个例子说明怎样找出证明中的关键思想。大概因为微积分里关于连续函数的“介值定理”在他和弟子最著名的文章中起了关键性的作用，他把这个定理的证明作为第一个例子。定理的几何意义一般人也能理解：把一根直线两旁各一已知点连接起来的任何一条连续曲线必定要穿过这根直线至少一次。它的严格数学陈述是：如果f是一个定义在闭区间$[a, b]$上的取实数值的连续函数，则对位于函数值$f(a)$和$f(b)$之间的任意一个数d，存在$[a, b]$中的一点c，使得$f(c)=d$。证明定理的第一个关键想法是，通过区间的中点将区间$[a, b]$分成两个闭子区间，长度都是原区间的一半，则数d一定位于f在两个闭子区间之一的两个端点上的两个函数值之间，由此性质确定的那个子区间将取代原先的区间。第二个关键想法是，只要d没有成为f在目前得到的子区间某端点的函数值，重复运用上面那个平分区间的思想，并且保持数d总是位于区间两端点的函数值之间这一性质。如果上述过程的每一步都取不到所要求的函数值d，就可以得到每次长度缩小一半、前面套住后面的一个无穷的闭区间序列。这些区间的长度最终将趋向于0，故关于实数的“闭区间套定理”确保它们只有一个共同点c。根据假设f是一个连续函数，因而该点c必定满足等式$f(c)=d$。上述两个想法就是证明介值定理所需要的关键思想。

或许也因为他当过系主任的马里兰大学数学系历史上那个颇能说明问题的“资格考口试”，约克教授举的第二个例子就是前面提到的吉洪诺夫定理的标准证明。这个证明自然难多了，而且还需要不是每个数学家都认可的策梅洛（Ernst Zermelo，1871—1953）集合论选择公理，所以这里不详细解释，仅仅指出也是两个关键的想法导致证明水到渠成。有拓扑学基础并对证明想追根求源的读者，可以从我于2016年由商务印书馆出版的书《亲历美国教育：三十年的体验与思考》的附录“约克教授谈教育”中读到细节。

约克有资格传授读好数学的真经，因为他是全世界极负盛名的混沌大师，为此和“分形之父”曼德尔布罗（Benoit B. Mandelbrot，1924—2010）共享了2003年的日本奖。而他所在的马里兰大学混沌动力系统研究团队，在他弟子的眼里，学术声誉应是全美第一。但是这样一个极具创造力的研究型数学家，在高中时代，所有数学课的成绩最高只是87分，没有一个“优”。这不是道听途说的“假新闻”，我从他电邮给我的所有高中成绩单中看得一清二楚。我听说，现在中国许多中小学生数学平均分在95分左右，还必须去校外家教“辅导班”继续加工，因为还没有达到“完美分数”的高度。然而约克告诉我，“我在读高中时就学会了怎样学数学”，他曾经参加家乡新泽西州的高中数学竞赛并获得全州第三的成绩。约克考进了哥伦比亚大学读本科后成绩单还是“其貌不扬”。他对弟子卖关子说“我在大学时没有B”，李天岩开始以为“全是A”，得到的回答却是“C或C以下”。然而大学数学成绩单非常漂亮的李天岩教授在他的文章《回首来时路》里却这样写道：

> 虽然我那时档案里的记录极为出众，但如今回想起来，当时实际上可以说是一窍不通，不知自己到底在干什么。念书时背定理，背逻辑最多只能应付考试。毕业服完兵役以后，绝大多数以前所学当然都忘了。老实说，在出国前，我真想放弃数学，不干算了。后来在美遇到了导师约克教授。从他那里，我才慢慢对学数学和研究数学有了些初步的认识，而这些认识大大助长了我以后学习数学的视野和方式。

真是肺腑之言呀！至少就读数学而言，成绩并不重要，因为学数学并非训练记忆力，而是训练认识世界的能力。东西方文化的差异也影响了读书学习的习惯。在东方，尤其是当今的中国，但求记忆不求思考地被动跟随教科书上的逻辑推理过程学习数学，只知道为什么这一步推出下一步，下一步又推出了再下一步，最后推出定理的结论。看上去搞懂了证明的过程，却没有真正理解，只能应付考试。而西方的好学生，在读书时经常会问“为什么”：它为什么是这样？为何要这样做？这些问题不大会在考试中碰见，但在做研究时却经常出现。所以约克略开玩笑地对年轻学生说：“如果你只想考试过关，就背诵定理的证明吧。但是如果你想做研究，就要真正搞懂证明中的两个关键思想。”

做习题是学数学过程中不可或缺的一环，但是科学地做题不仅节省时间，而且能事半功倍。我读大学时，全国的数学系学生做白俄罗斯数学家吉米多维奇(Boris Pavlovich Demidovich，1906—1977)的《数学分析习题集》蔚然成风。这本书对培养人的推理能力功不可没，甚至可以说不亚于当年数学系学生几乎人手一套的多卷本课外参考书、苏联数学家菲赫金哥尔茨(Gregory Mikhailovich Fichtenholz，1888—1959)的名著《微积分学教程》。我的同班同学田刚在本科阶段大概做了两万多道习题，打下了他后来出色数学人生的基础。但是他现在被记者采访时，并不赞成目前的大学生做那么多的题目，被训练成一台“做题机器”，活像喜剧大师卓别林(Charles Chaplin，1889—1977)在经典影片《摩登时代》中留下的那个“卷进机器”的夸张形象。中国的高中生由于高考的压力和考上名校的渴望，在18岁前的那几年主动或被动地不知做了多少道题。但是到了大学阶段，很多人做习题的劲头却像泄了气的皮球那样鼓不起来。这两种极端都不是聪明的做法。在正常的情况下，怎样才能“科学地做题”？习题的目的是巩固概念的理解及加强运用概念的能力，所以做题前倘若还未弄懂概念的内涵，不要完成任务式地做题。好的教科书列出的习题,除了一小部分是用于复习概念或直接应用命题的“常规题目”,还有一批是锦上添花极具挑战性的精妙题目。有的写法高超的教科书甚至将一些带有提高性的结果放在习题部分向读者下战书,看谁敢于举枪迎战。要敢于尝试这类题目,而不要做太多几乎不要动脑子的“常规题”,这才是提高自己数学水准和未来创新能力的好途径。

与学生时代形影不离的一件东西就是“分数”,自然每个人都像喜欢美一样地喜欢好分数。考试成绩当然是重要的,因为它是学校评估学生这门课究竟学得怎么样时采取的唯一途径,基本上能反映知识掌握的程度。上好的成绩单作为记录在案的读书历史,能让自己一辈子感到高兴。我当年全美外文德语考试获得本系创纪录的高分,从研究生事务主任的秘书手中拿到成绩单,走出办公室时的脚步都有点飘飘然了。尽管匆忙报喜的我被导师的回信嘲弄了一番,但心中还是坚信“考高分总比考低分好”。这话自然也不错,可事实是在过去的33年中,我从未有机会需要读一篇德文或俄文的数学文章,倒是有一次我特别想读1950年发表的一个经典遍历定理的叙述和证明,但文章偏偏是用我看不懂的法语写的。

在国内,高中毕业生的高考分数十分重要,少一分就可能与心仪已久的一流大学失之交臂。所以,像衡水中学那种通过极端手法魔鬼训练取胜的高考“高分制造商”,令许多望子成龙的家长佩服之极。在目前的高考体制下,分数确实极端重要。然而,正如诺贝尔物理学奖获得者丁肇中(1936—　)先生说过的,他没有发现哪个诺贝尔奖获得者(自然包括他自己)曾是班上的成绩第一名,倒是听说过是班上最后一名的。这句话很说明问题:读书的目的不是为了追求成绩第一，而是为了追求真理，理解真理，最终走向职场后能够创造发明，发现真理。如果一个学生过于看重考试成绩而缺乏远见，整天眼睛只盯着考试所依据的教科书而不勤于阅读拓广视野的课外书籍，即便考试成绩在班上名列前茅，从长计议可能还是有所遗憾的。一个有鸿鹄之志的学子，想到的应是博览群书，为十年或二十年后的辉煌打下坚实的基础。

李天岩教授虽然在大学成绩拔尖，但他从不把这个记录看在眼里。那几年他时常提醒他的博士生要学到"看家本领"，要具有"真才实学"。回想在南大求学的时代，我庆幸自己并没有为了取得耀眼的考试成绩而学习，而是像海绵一样尽量多地吸收有用的知识。坚持不懈地大量阅读课外书籍已经成了我的习惯，包括数学与人文。平时，我看教科书的时间并不太多。但是每次听课之前，我会大致浏览一下老师要讲的内容，上课后只顾竖起耳朵认真听讲，却不做笔记，顶多在教科书的空白处记上突然听到的超越书本的内容。课堂上专心致志听讲后，我感觉到概念已经融化在我的脑海中。但是去了美国后我发现，许多美国教授不按教科书讲，或者干脆不用教科书，只列出几本参考书，全凭他的"三寸不烂之舌"兜售知识，于是我"改邪归正"，开始记课堂笔记了，然而我更喜欢这样不按部就班授课却鼓励学生不停思考的教授。

如果我们再次回放李天岩教授的三大数学贡献，就会发现他在博士生时代就对几个不同的数学领域均有涉猎，令人惊奇。我在国内只懂他的一项工作，但是来美后深受他影响，不囿于精通一门手艺，而是设法做到对他的研究成果"胸中有数"。这大概也给他留下了较好印象，以至于在正式工作后雇主大学帮我办绿卡时，我从人力资源处看到的他给我写的推荐信中说，在其所有的学生中,“他是唯一对我所有研究领域都了解的一个”。

学会了怎样读书,对于那些希望今后从事研究探索事业的人,就为迈出治学第一步提供了坚实的基础。然而对研究者而言,治学虽然和读书的亲密关系犹如闺中密友,但也有与众不同的独特个性,需要我们来细致描述。

第六章

治学之道

如果说“读书”只是吸收知识，那么“治学”就包含创造知识了。关于治学，东方与西方的传统解释不完全一致。在我国历史上，治学和读书几乎被视为可以“合二为一”的同义词，是一枚硬币的正反两面。我们的传统治学理念强调“才高八斗，学富五车”，学者一生的主要职责是“述而不作，信而好古”，结果是对古人之书的诠释之作大大多于独辟蹊径的“一家之言”，很少有创造性的东西问世。西方文化却有点不一样，从古希腊起，他们就习惯于“仰望天空，追问自然”。尽管台湾新竹清华大学的数学系给第一届毕业生李天岩灌输了足够多的近代数学知识，打下了牢固的基础，他的傲人成绩单也让导师约克教授吓了一跳，但他坦承，只有到了美国当了约克的弟子，他才真正学会怎样做出一流的数学研究。

严肃的治学，尤其是被许多人认为难似书写天书的数学研究，不是一件轻而易举之事。它除了需要勤奋、用功之外，还需要一个关键的因素，那就是“天赋”。早在上世纪30年代，胡适（1891—1962）博士在访美期间于加州大学伯克利分校看望了他在中国公学时的学生、从中央大学物理系毕业后留学那里的吴健雄(1912—1997),第二天在回国的船上又专门给她写信,继续探讨“天才问题”:

> 此次在海外见著你,知道你抱著很大的求学决心,我很高兴。昨夜我们乱谈的话,其中实有经验之谈,值得留意。凡治学问,功力之外,还需要天才。龟兔之喻,是勉励中人以下之语,也是警惕天才之语,有兔子的天才,加上乌龟的功力,定可无敌于一世,仅有功力,可无大过,而未必有大成功。

我是基本上同意胡适的天才之说的,但是我把天赋仅仅视为成才的必要条件,而非充分条件。

对于大脑发达者,只要将内在“兔子的天才”和外在“乌龟的功力”紧密结合起来,就能“不枉此生”,回报世界以较大的贡献。而对于芸芸众生,只要他们的个人特质被科学地挖掘和使用,扬长避短,世界也会属于他们。就像每个人都有不同的指纹,人类的每一个个体都会展现出不同的特色。在这丰富多彩的世界,人的资质才华也是千姿百态的,各种兴趣和能力的均衡组合,像尼亚加拉瀑布一般给全社会的各行各业提供了无穷无尽的资源,犹如组成白光的红橙黄绿青蓝紫七种基本色素,成为恩泽人类、普照大地的生命之源。我们看到正在成长的中小学生,有的人从小就爱打破砂锅问到底,宇宙微粒穷追不舍;有的人天生爱玩动物植物,生物实验劲头十足;有的人动起脑筋不肯休息,抽象思维技高一筹;有的人动手能力强于推理,发明创造心灵手巧;有的人谈论历史如数家珍,人文知识囊中取物;有的人生来就懂人性秘诀,善于管理调动资源。找到自己的优势,有的放矢,是实现自我价值的有力措施。发现孩子或学生的潜能，定向培养，是教育新生一代的最佳方案。在吸收有效的“治学之道”前，我们应当首先“认识自己”。

但是，胡适博士的“天才观”可能得不到至少两位著名华人数学家的支持。华罗庚(1910—1985)先生曾用诗句“勤能补拙是良训，一分辛苦一分才”来形容自己。张益唐教授也对采访他的华人记者坚称，他最相信的是“勤能补拙”这句成语。李天岩教授与他们有相同的观点。他一生都认为，自己并不聪明，而对学问而言，聪明与否并不重要，重要的是“坚持”二字。只要坚持不懈，一个难题“大人物解决不了，并不表示小人物也解决不了”。因而，他并不希望自己的学生“太聪明”，因为这样的人容易“聪明反被聪明误”，不下苦功，浅尝辄止，故步自封。

其实，无论是华罗庚、张益唐，还是李天岩，至少在数学上都属于那个不算太大的高智商人群。否则就无法理解为什么只有初中文凭的华罗庚，在还没有真正掌握多少现代数学真谛的二十岁年纪，就能写出《苏家驹之代数的五次方程式解法不能成立之理由》而轰动数学界。相信华罗庚缺乏天赋仅靠勤奋补救笨拙，和相信二十岁解决代数方程根式可解充分必要条件的伽罗瓦(Èvariste Galois,1811—1832)不是天才一样困难。张益唐在北大读本科时，据说就是数学系78级中数学学得最好的。如果天赋不高，他在强手如林的同学中不可能独占鳌头。

至于李天岩教授，证明他天赋异秉的论据我知道的就很多。比如他当年的学习成绩就能说明问题(当然这只是衡量一个人潜在素质的一个方面)。多年前我在某个国际会议上巧遇一个比他迟两年新竹清华大学数学系毕业的学弟，这位教授听说我是李天岩教授的弟子，就亲切地和我聊了一阵，自然也聊到李学长的“名人轶事”。他告诉我当年他的这位学长清华毕业时，成绩是全班第三。第一和第二都去了普林斯顿大学念了纯数学的研究生，博士毕业后回到台岛教书至今。几十年后，在学术成就和学界影响力上，全班第三当为全班第一。

虽然李教授的智力超群早已给他人留下深刻印象，但他最令人啧啧称奇的过人之处却是他过目不忘的记忆力。李教授同门师兄周修义教授的弟子吕克宁早我一学季去了密歇根州立大学读博，我们同时当了两年中国学生联谊会的生活部长。他后来的研究做得很棒，曾被母校请回去当正教授，和“师叔”也建立了亦师亦友的亲密关系。我从他嘴里听过几次关于李教授“惊人记忆力”的故事。他们有一天一块去吃饭，晚一辈的他抢先用自己的信用卡付了饭钱，但注意到了李教授瞧了瞧信用卡上的16位号码，就知道对方的“记忆照相机”又拍下了数字。后来吕克宁请李教授去他任教的大学做一场学术报告，报告前吕克宁特地这样向听众介绍报告者：我今天不准备多说李天岩教授的学术成就，因为大家都听说过。但我想要考一考他的记忆力。他曾经看过我的信用卡，如果他背不出信用卡的号码，今天他的报告就不让他做了。谁知道，李教授马上就把那长长的枯燥数字一个不差地吐还给吕克宁，所以他的报告得以精彩地做了下去。2020年6月25日李教授去世后，第二天早上吕克宁打电话给我表示哀悼。他又一次回忆起上面这个历史掌故。

李教授自己的博士也领教过他那超强的记忆力。25年前他带出的一名博士邹秀林在我们于导师去世后几天建立的名为“李天岩教授学生群”的微信群中，也向大家披露了李教授惊人的记忆天赋。邹博士不知在哪一次告诉过他，自己的家乡是江西省安福县，后来再也没有向他说到家乡的名字。将近二十年过去了，当李教授的关门弟子、也是在江西长大的陈丽平来密歇根州立大学投奔他读博士学位的时候，他没有忘记毕业多年的邹秀林是小师弟的同县家乡人，随即介绍他们两人电邮联系。后来，邹秀林将这个故事讲给了自己同期的师兄弟杨晓卓博士。后者听之却一点也不惊讶，反而进一步告诉他，李教授甚至还能记住自己学生的社会保险号码。不过，杨晓卓没有像他的川大校友吕克宁那样提供直接论据，所以在我获得确证之前，姑且把它看作传闻吧。我不能确定李教授是否背得出我的社会保险号码，在我的记忆中他好像从未有机会接触到我的社会保险卡。但是在我女儿三周岁从中国来到美国时，李教授还记得她是2月份出生的。正因为导师有如此超强的记忆力，我们这些弟子既不敢也不想对他撒谎，因为一切假话都过不了他的流水账日记和照相式记忆的双重关卡。的确，我知道他曾经用他的记忆加日记证明过别人的谎言。

李教授的美国同事也对他的记忆力啧啧称奇。他的女同事兰姆(Patti Lamm)教授的先生兼本系同事纽豪斯(Sheldon Newhouse, 1942—　)教授是李教授在动力系统领域里的“亲密战友”，和雷内加一样是斯梅尔的博士。兰姆教授在李天岩教授去世后的第四天在专门的纪念网站写下了悼唁语，其中写道：“我记得很多次在数学系的大厅里碰见TY时，他悄悄地咕哝着我的社会保险号码的最后四位数字，眼睛里总是闪烁着光芒。谁知道他是从哪里得到这些信息的，但毫无疑问，这些信息被永久地保存在他大量的照相式记忆的数字存储库中。”按照西方人的文化习俗，朋友和同事之间平时一般以名相称，不喊职称，也不像中国人那样可以喊“老李”之类的，所以李教授的同事通常叫他为“TY”，而不是尊称“李教授”或“李博士”。

虽然学好数学的最重要因素是理解力，而非记忆力，但上佳的记忆本事无疑对学习是有推动作用的，尤其是那些需要熟记大量内容的学科，如历史。高效率地利用记忆力这个上天给予的个人资质帮助理解和应用所学知识，与不求真懂理论源泉只求机械记忆书本教条完全是两码事。在这个意义下，记忆力极强的人如果去读医学院，绝对能把一大堆医药单词倒背如流，如果进了中医学院，说不定能把李时珍（1518—1593）的《本草纲目》全书背诵。我的大学同学中，成绩最好的是一位女同学，她不仅头脑聪颖，而且记忆力一流。这双重优势让她轻而易举地在1981级南大研究生入学考试中，在全校被录取的不到180名硕士研究生中，五门科目总成绩排名第一。

相比之下，西方人的天才观更偏向于胡适的想法。他们直言不讳地承认天赋之才。美国有个有名的科学记者叫格莱克（James Gleick，1954—　），格莱克入围普利策奖的一本畅销科学普及读物*Chaos: Making a New Science*（1990年郝柏林和张淑誉夫妇翻译校对的中文版书名为《混沌：开创新科学》），在二十年间销售了一百万册，向英语国家的广大读者极大地普及了“蝴蝶效应”这一混沌概念的形象化术语。格莱克所写的费曼传记的主书名就是一个名词“天才”：《天才：理查德·费曼的人生与科学》（*Genius: The Life and Science of Richard Feynman*）。当然，没人怀疑费曼不是天才。二战前比乌拉姆晚一点从祖国波兰去了美国发展的杰出数学家卡茨（Mark Kac，1914—1984），与费曼共同建立了抛物型偏微分方程与随机过程之间的联系——“费曼-卡茨公式”。他在自传《机遇之谜》(*Enigmas of Chance: An Autobiography*)中把天才分为两类,一类天才只比别人聪明一点就可以做他们所做的事,而另一类天才是真正的魔术师。在他眼里,“费曼正是能力最强的魔术师”。

美国这个相对年轻的西方国家,一直不遗余力地实施“天才教育”,从资优的少年儿童开始就为他们“开小灶”,如同孟子所言“得天下英才而教育之”,所以“神童”长大后成为各行各业“神人”的概率较大,不大容易被埋没。我所任教的大学有个全美比较有名的特殊教育专业。它的创始人是位女性教授,在有关天才儿童的教育实践方面,写过或编纂过几十本书籍,影响力较大,也获得过其博士母校伊利诺伊大学的杰出校友奖。美国整个国家对一般中小学生的初等教育只是基本性的,比较放任自由,让其按照自己的意愿长大,但对占同年龄组大致百分之五的那些资优青少年,则竭尽全力,因材施教,助其成长,因为国家的科技进步主要得益于成长后的他们。这些质地一等的青少年在英文里常用由名词“gift”转变而来的形容词“gifted”形容,意思是“高资质”。gift 的基本意思是“礼物”,这些 gifted 儿童的脑袋确实是上帝赠予父母的丰盛礼物。西方教育家认定,这份礼品的价值不菲,应该好好利用,只要因势利导,就能大幅提高这些聪明孩子未来实现鸿鹄之志的可能性。

除了天赋的基本要求以外,李天岩教授对治学的期待和要求主要来自二字:坚持。但是除了自己的努力这个关键要素,他也很看重是否遇到好的老师,尤其是在研究起步阶段的博士论文指导老师。在讨论班或平时的聊天中,他常对我们说,他的成功之道除了有像约克教授这样的好导师,其不二法门无它,就是“贵在坚持”。他一直认为自己并不聪明,然而在他看来,是否聪明过人其实并不重要,最重要的是能否坚持不懈地面对问题,非要把它弄个水落石出不可。他甚至这样“量化”他的成功原因:他之所以能解决一个重要数学问题,原因只不过是比别人多坚持了一分钟。许多聪明人为何没有获得成功,大概就是因为他们没能多坚持那宝贵的一分钟而选择了放弃。其实这“一分钟”可能就是造就成功之路的一分钟,其功效可与“压死骆驼的最后一根稻草”一样,出现意想不到的结局。一个问题,大人物解决不了,并不表示小人物也解决不了,大人物思考问题的路径也不等于解决问题的路径。“凭着一股牛劲,凡事坚持到底,绝不轻言放弃”,是他叮咛学生们的一句名言。从做他的学生起,几十年来我从未听到他在私下或在公开场合,夸耀过自己的“天赋之才”,或贬低过别人的“愚蠢至极”。恰恰相反,我倒是多次听到过他对自己弟子做学问不及他刻苦的批评,有时是十分尖锐的批评。

1992年,我留美后第一次回到祖国探亲,自然也去了母校南京大学访师拜友。可惜恩师何旭初先生两年多前不幸病逝,我无法向他汇报我在美国求学阶段中的进步过程和点滴心得。在和昔日的任课老师交谈中,我得知了1987年李教授访问南京时的有趣新闻,何先生在给我的回信中也提到他们见了一面。我也知道那年李教授在日本开会时与南大数学系的参会者聊过,甚至还听到一则与我有关的故事,但是我从未也没想确认过。当被问及我在他那里读书时的“表现如何”时,李教授吐出一句令对方震惊之语:“就是华罗庚推荐来的我也不收了”。如果这是发生在我去美国的第一学季,很可能会让我非常羞愧,但那时我在美国已经生活了一年半,对老板幽默夸张的言语风格早已了如指掌。比如说当我问他怎样教好美国学生的习题课时,他会一边做鬼脸,一边挥动双臂,对我表演道:“如果班上有人问你1+1等于几,你要表扬他说这是一个多么好的问题啊。”所以我听了对方的传言后只是一笑置之，没有羞赧到要钻进地缝里，尽管转话者可能以为这是导师对我读书学习极端不满的即兴发作。话说回来，假如这个故事是真实的，也正好提供了李教授对弟子要求甚高的一个典型例子。事实上我在1988年1月11日的日记中，记过一笔他对弟子的不满，说已给国内的推荐教授写了长信，“介绍华罗庚也不收了”。

我的韩国裔师兄李弘九博士不止一次地告诉过我这样一则故事。李师兄的太太是个护士，工作时间灵活机动，当年读书时因为家里只有一部车，他经常开车接送太太上下班。有一次李教授约李弘九第二天早晨去他办公室讨论研究。那天李师兄的太太很早要去医院工作，所以他也起得特别早，送完太太上班后感到困乏，回到家又睡了一个回笼觉。等到他睡醒了来到李教授办公室时，导师告诉他，自己六点钟就来办公室工作了。不过李教授虽然觉得弟子不及自己用功，却对他的数学基础赞誉有加，在我面前提过多次。对于李弘九的数学看家本领，我也有同样的观察和体验。

李弘九在名字上与我天生有缘，因为“玖”是大写的“九”。我在美国认识的第一个韩国人就是他，两人之间兄弟般的友谊持续到现在。三十多年来，我和李弘九不仅一直保持着亲密的朋友关系，而且在过去的十多年中合作研究，在不同的领域发表了一些论文。他家弟兄五人，包括他在内的四个皆为首尔大学的校友，其二哥和他一样也是留美博士，回国发展后当过李明博总统的科学顾问。李弘九是李教授的第四个博士生，于1987年获得博士学位，当年拿到美国中部一所研究型大学的正式教职。他在离开密歇根州前的最后一个夏天，邀请我和他一起专门组成了一个“二人讨论班”，轮流报告著名数值代数学家豪斯霍尔德(Alston S. Householder,1904—1993)出版于 1964 年的一本名著《数值分析中的矩阵论》(*The Theory of Matrices in Numerical Analysis*)。这本书我在国内没有见过,读完后对它的写法深感“耳目一新”。它从初等矩阵出发,演绎出矩阵论的重要结果。尤其叫人拍案叫绝的是,作者用闵可夫斯基(Hermann Minkovski,1864—1909)的凸几何理论定义向量的范数。我认为,那些容易把线性代数看成是“三流数学”的几何学家或拓扑学家,读了本书后肯定会自觉地纠正自己的偏见。李弘九与我像说对口相声似的这个独特讨论班令我们两人都感到收获颇丰,更坚定了我的长期观点:读书一定要读本学科最好的书。同时,这也佐证了李教授十分看重的一个举措:通过讨论班的实践训练自己。

要理解和利用我们生活于其中的这个自然界,数学起着其他任何学科无可替代的作用。数学通常被分为纯粹数学、应用数学和计算数学。纯粹数学这门学科在近代的发展被英国数学家和哲学家怀特海(Alfred North Whitehead, 1861—1947)评价为“人类灵性最富于创造性的产物”。他在名著《科学与近代世界》(*Science and the Modern World*)中专列一章“作为思想史要素之一的数学”,讲述数学在科学史上的崇高地位。应用数学作为书写自然界的独特语言,为科学技术造福人类立下奇功。但绝大多数卓越数学家并不赞同这种人为的划分,他们认为,数学就是数学,它是一个有机的整体,哪有什么纯粹数学和应用数学之分。历史上像阿基米德(Archimedes, 288 BC—212 BC)、牛顿、欧拉(Leonhard Euler, 1707—1783)、高斯(Carl Friedrich Gauss, 1777—1855)以及庞加莱(Henri Poincaré, 1854—1912)这样的纯粹数学家同时也是应用数学家甚至物理学家和工程学家,现在广泛应用的最小二乘法最早就被高斯用来进行天文计算。当今,科学计算已经成为与理论和实验三足鼎立的第三种科学研究方法,伴随着现代电子计算机的问世而开始迅速发展的计算数学则是它的基础和排头兵。

作为一名应用数学家和计算数学家,李天岩教授是怎么看待这三种“不同的数学”的呢? 首先,他和阿诺德一样是法国人庞加莱的信徒,而不是另一个法国“数学将军”布尔巴基的粉丝。他强调数学是自然世界的真实反映和写照,而不全然是结构主义者的创造和设想。他的基本观点记录在他那篇读书做学问经验之谈的文章《回首来时路》中:“其实抽象数学的出发点多半起始于对实际问题所建立的数学模式,然后将解决问题的方式建立理论,再抽象化,希望能覆盖更一般性的同类问题。”因此他对初学者发自肺腑的诚恳建议是:“在学习较高深的抽象数学理论之前,多多少少要对最原始的出发点和工具有些基本的认识。”否则的话,“若是一开始就搞些莫名其妙的抽象定义,推些莫名其妙的抽象定理,学生根本无法知道到底是在干些什么。可是为了考试过关,只好跟着背定义,背定理,背逻辑,一团混战。对基础数学实质上的认识真是微乎其微”。

李教授在访问日本的1987—1988那一学年,为日本杂志《数学研讨》(数学セミナー)撰写了回忆“李-约克混沌定理”的文章《关于“Li-Yorke 混沌”的故事》,它的中文版于1988年在台湾的普及杂志《数学传播》上刊登。文章中的最后一部分可以看成是他对应用数学的世界观:“我觉得所谓的‘应用数学’,应该是首先设法了解自然界里的一些现象和问题。好比说,想想为什么苹果会从树上掉到牛顿的头上。然后找出这些现象在数学上的正确描述,以及解决这些问题的方法。然后把这些现象的描述,以及解决这些问题的方法理论化,希望同时能解决一些类似的问题。理论化之后,若是遇到这个理论不能解决的问题,则要更进一步,设法推广原有的理论。这比躲在象牙塔里做些莫名其妙的抽象工作要有意思多了,我想。”

李天岩教授不是那种缺乏独立见解充当西方言论观点传声筒之辈,一贯不太赞成哈代把数学看成是无视应用与否的艺术这一观点。按照他的观察,“不幸的是,把数学当成艺术来看之后,大多数的东方数学家依然把西方人当作‘评审员’,追求他们的标准中所谓的‘美感’”。在上述这篇文章的最后一段,他写道:“应用数学的‘评审员’是这个自然世界,去描述自然界的现象,去解决自然界的问题,这好像不需要去看西方人的眼色了,不是吗?”

在李教授的眼里,乌克兰数学家沙科夫斯基证明的那个漂亮定理,尽管包括了李-约克混沌定理中的第一个结论“有周期三则有周期 n”作为特例,但其美感主要体现在“放在象牙塔里”供人欣赏,因为它只是基于“为数学而数学”理念而得到的一条数学命题,却没有和任何物理世界挂上钩,至今它一般只在离散动力系统的教科书里露面,却与混沌动力系统的发展史没有太多的关联。相反,约克教授以敏锐的眼光和深刻的洞见,从洛伦茨发现不规则现象的气象学论文中发现了一些非线性动力系统内在的特性,并抽象出一个需要解答的数学问题,继而猜测“周期三则导致混沌”这一具有划时代意义的结论,最终由他的弟子圆满证明结论为真。这就解释了在成千上万篇与混沌有关的科学文献中,戴森教授为何独独选中这篇,声称“在混沌领域里我仅仅知道一条有严格证明的定理”,而且称这篇文章为“数学文献中不朽的珍品之一”。

远离“人云亦云”不仅是李教授在学术上坚持独立见解的一个

特点，而且在其他方面的谈吐交流之间，他也有独到的主张。90年代中期我请他来我系做了场数学演讲，在我家住了几天，有机会彼此天南地北地侃大山。那次他发现我居然还没有读过一本金庸的武侠小说，就向我强烈推荐《射雕英雄传》，好像我不知道郭靖与黄蓉的故事就算白活了。为了减轻他对我不读武侠作品的“遗憾”，我请出钱锺书（1910—1998）与金庸抗衡，大夸《围城》，因为我为之倾倒而前后读过好几遍。没想到，他没有读过这部讽刺小说。于是我让他带回我的这本私藏，好好欣赏“文化昆仑”的传世文学杰作。几周后，李教授寄回了小说，内夹了一页纸的“文学评论”，在几句褒奖之余，毫不客气地对作者关于方鸿渐与他太太恋爱婚姻的部分前后描写表示了批评意见。这是我第一次见到有人对钱锺书小说的负面评价。我也听从了他的建议，当年回国就买了金大侠的最有名作品，但是得益最大的还是我的女儿，因为她很快成了“金粉丝”，读完了金庸的所有小说。

约克教授曾经对我说，他的博士研究生认为他不一定比他的学生知道更多的定理，但那无妨，因为他能创造定理。一个好例子就是关于有界变差函数的“约克不等式”，而几乎所有的数学分析或实变函数论教科书中列举了有界变差函数的许多性质，却没有这个不等式，因为这是约克为了解决乌拉姆提出的一个数学问题而发现的一个有用不等式。至于乌拉姆本人，他在自传《一个数学家的经历》(*Adventures of a Mathematician*)中这样说自己：“我不能宣称我知道数学方面的许多专业性材料”，但是他一生都在强调，是火花迸发的思想，而不是车载斗量的知识，才是引向创新研究的治学之本。

然而，这并不是说李教授因为不主张为了数学而做数学的象牙塔式研究，就不注重对相关纯粹数学领域的通晓。他一生中历时最久用心最苦的研究论题是“解多项式方程组”。多项式本身的运算只用到加和乘这两种我们小时候就开始学的代数运算，但求解多变量多项式方程组却是一个极具挑战性的难题，与之直接相关的纯粹数学分支称为代数几何。如果我们回忆起困扰人类千百年的五次及以上单变量多项式方程的根式解问题，引发了两百年前挪威天才阿贝尔(Niels Henrik Abel，1802—1829)和法国斗士伽罗瓦的深刻思考和惊人创造，就不会惊讶于上世纪全世界最伟大和最传奇的数学家之一格罗滕迪克(Alaxandre Grothendieck，192—2014)为精心创造现代代数几何而撰写出的最抽象数学语言。现代代数几何不仅是现代数学的核心领域之一，而且也是纯粹数学家最感头痛的学科之一，因为要透彻理解多项式方程组的解所定义的“簇”(variety)的几何性质，需要大量近世代数(尤其是交换代数)的概念和工具。

李天岩教授为了深挖出数值求解多项式方程组的关键想法，花了大量的心血自修代数几何。在《回首来时路》中，他曾这样回忆自己刻苦钻研的心路历程：“遇到较复杂的语言时，好比近代代数几何里的基本语言‘概型’(scheme)，若对它整个的来龙去脉缺乏一个整体性的理解，一般人恐怕连定义都无法轻易记忆。记得我在自修交换代数时，遇到所谓局部环(local ring)，当时只是好奇，为什么称它局部环？从它定义(只有唯一的一个最大理想(maximal ideal)的环)的表面实在看不出凭什么称它为‘局部环’。可是在我试图真正去了解为什么要称它局部环的过程里，这个好奇却帮我了解了许多代数几何上的概念。这一路过来，这种对数学的‘好奇’以及对这些‘好奇’问题答案的追逐的确给我带来对研读数学的极大乐趣。”

但是，立足于应用数学或计算数学的研究，光沉湎于在纯粹数学的领土上打基础是完全不够的。无论是从事理论研究还是实际应用，有两种治学的方法。第一种是相信“打下基本功”这个似乎“颠扑不破”的真理，老是觉得自己根底还没打牢，总在那里补这补那，冀望成为“百科全书”式的全能学者。这是带有理想主义色彩的治学之道。纵观现代数学史，自从庞加莱、希尔伯特（David Hilbert，1862—1943）、外尔（Hermann Weyl，1885—1955）、柯尔莫哥洛夫（Andrey Kolmogorov，1903—1987）等极少数全能数学家在数学天空灿烂一时后，大概再也没人能够自信通晓数学的一切主流分支了。1986年秋季学期我在旁听一门实分析研究生课程时，想出一个可以利用凸函数性质的方法，给出闭凸集存在最短向量的另一个证明，于是课后去找授课教授讨论。然而这位本系的明星教授竟然不太熟悉我在证明中所用到的凸分析概念，令我相当惊讶，当晚就在日记里议论了一句：“名教授也只专一行。”然而，这并不妨碍他们经常冒出创造性的想法，将研究做得风生水起。

这就引出第二种治学方法。在打好一定的基础后，“带着问题补基础”。我记得在一个甲子前的那个时代，有一句深得人心的箴言：“带着问题学毛选”。虽然问题的类型不一样，但目的是一致的：尽快地解决问题。治学的目的是创造性的研究。创造固然需要知识的不断积累，但最重要的还是发展创造性的思维，提出突破性的想法。后者与前者有一定的依赖性，但绝不是完全的依赖。在创造性的数学活动中，几何和直觉充当着活跃的巡逻兵，归纳和类比化作了它们手中的手电筒，而知识则设法帮助思考者将猜想变为定理，完成最后的逻辑推理过程。所以“活学活用”以往所学的知识比什么都重要,而不是迷信什么“知识越多越有用”。

西方那些杰出的学者,基于先进的教育理念而走上了科学的治学之道,求学时常问为什么,治学中时有洞察力。他们有敏锐的眼光,能抓住问题的实质,提出关键的思想,甚至能开辟出新的疆域。这就是为什么表面上自视甚高的李天岩教授对他的博士论文导师佩服得五体投地。按照我们的祖先对学问之道的传统观点,没有目标是“学富五车,才高八斗”的十年寒窗苦读,绝不能踏入学问之路。可约克教授绝非什么“饱学之士”,他的弟子知道的数学都可能比他多一点。然而他这位来自东方古国的弟子却这样说:“这些年来,我个人曾正面接触过一些数学界的顶尖高手,但是若谈到判断研究题目意义的本领,约克教授在这方面的功力的确深厚,绝不输那些‘顶尖高手’。遇到他也许是我一生中最大的幸运吧!”约克正是从乌拉姆在《数学问题集》中提出的关于区间简单映射(比如逐片线性映射)是否有不变密度函数这个问题,以独到的眼光捕捉到解决现代遍历理论这一问题的重要性,并和洛速达通力合作,对一般逐片拉长单调映射证明了不变密度函数的存在性定理,相关的论文成了一篇经典之作,也是他的代表性作品之一。而他的学生李天岩则进一步看出,怎样数值计算出这个不变密度函数,对遍历理论在物理工程领域中的广泛应用具有非常大的价值。他运用拓扑学中的布劳威尔不动点定理证明了算法的合理性,用到分析学中的赫利选择定理证明了算法的收敛性。他在无形中对一类区间映射证明了乌拉姆猜想,成了以乌拉姆方法为起点的计算遍历理论这一现代实用分支的一位先驱。

提到乌拉姆,不能不对他极具原创性的一生多说两句。他和他终生的亲密战友冯·诺伊曼一样都是少年成名,二十岁前写出数学文章，以纯粹数学家的面貌开始辉煌人生。他们后来又都成为了应用数学家，各有典型贡献。比他年长五岁多的冯·诺伊曼是“现代电子计算机之父”，而乌拉姆则被称为“氢弹之父”。乌拉姆去世后出版的文集《科学、计算机及故友》(*Science, Computers, and People*)，其前言由美国著名的数学科普家加德纳(Martin Gardner, 1914—2010)所撰，而当中的第一段则概括了乌拉姆那一类数学家的特性：

> 乌拉姆，或如同他朋友所称之的斯坦，是那些伟大的创造型数学家之一，这些人不仅对数学的所有领域感兴趣，而且同样对物理及生物科学亦然。和他好朋友冯·诺伊曼一样而与他众多的同行不一样的是，乌拉姆不可被分类为纯粹或应用数学家。在那些与应用问题没有一丝一毫关联的纯粹地带，以及在数学的应用中，他都从不停止寻找同样多的美和激动。

乌拉姆天生的极强好奇心在四岁时看到家中波斯地毯几何图案的那一刻就充分显露。当他身为律师的父亲对此不以为意而笑起来时，他心里自言自语道：“他笑是因为他认为我是幼稚的，但是我知道这些是令人好奇的模式。我知道我父亲所不知道的某样事情。”这个故事被他记录在自传《一个数学家的经历》里。绝大多数人长大后，好奇心被长期的死读书完全扼杀而几乎丧失殆尽。但是乌拉姆是幸运的，他的好奇心持续一生，创造了无数的奇迹。他爱向别人提问题的独特秉性给比他年轻十三岁的杨振宁(1922—　)留下了深刻印象：“我看见他的时候呢，他人很有意思。他一看见了就问你一个问题，这个问题可能是集合论的，也可能是组合的，甚至可能是打扑克牌的。然后你去想，跟他讨论，他就不发生兴趣了。他只发生兴趣是……”自然,乌拉姆不会只对别人提问题,他同样也不断地给自己提出问题,提炼新思想,解决新问题。正是由于喜欢与人讨论,喜欢提出问题,乌拉姆从他大脑里萌芽而出的“对要点的感觉”(用他自己的原话就是“a feeling of the gist, or maybe only the gist of the gist”),日后成了几大数学领域的开始之旅。比如说,“元胞自动机理论”最初是他向冯·诺伊曼提出来的;“蒙特卡罗方法”来源于如何对付不仅在概率论而且在看上去与前者没啥关系的数论中棘手的问题。他和冯·诺伊曼以及物理学家费米于40年代开创了一门新学科“非线性分析”,现在几乎成了“混沌动力系统”的代名词。然而乌拉姆对此曾有一句戏谑之语:“把混沌研究称为‘非线性分析’,就好比是把动物学说成是‘非大象一类动物’的研究。”

李教授的许多弟子成了在他为之奋斗终生的多项式系统数值解研究领域的学术传人。他们当中,我仅仅对和我同时代的王筱沈比较了解。他比我迟了半年赴美,却和我同时拿到博士学位。

李天岩教授在弟子王筱沈家(摄于2005年)

他家弟兄四人，三人继承父业，成为数学教授。在我们一同就学密歇根州立大学的那几年，我目睹了他如何像导师一样拼命钻研。李教授看出他的学术素质、研究潜力和用功精神，在他一通过博士预备考后，就交给他受过格罗滕迪克栽培的美国代数几何学家哈茨霍恩（Robin Heartshorn，1938— ）的名著《代数几何》（*Algebraic Geometry*），里面的语言将在弟子未来的职业生涯中不停地挂在嘴上或写进文章里。密歇根冬季的冰天雪地来得早却去得迟，地面是一片白雪皑皑。王筱沈除了白天去校修课教书，每天在家吃完晚饭后，同样骑着自行车飞驰到办公室，继续沉浸在代数几何的王国里，直至夜深人静骑车回家。

除了刻苦，“坚持”就是李教授对我们学生怎样治学的最大教诲。他曾告诉过我，当年有人对同伦思想用于计算矩阵特征值特征向量的前景不看好，认为不会是已经风行二三十年的QR方法的对手。面对这样的阻力，尤其如果是来自有影响的人物，很多人可能会知难而退而放弃努力了。但是李教授不信邪，从80年代中期开始，率领他的博士生李弘九、张红，以及之后招来的丛栾、李奎元、曾钟刚、黄良椒等，大火力地对矩阵特征值问题猛烈进攻，对实对称矩阵、一般矩阵、稀疏矩阵等不同矩阵类，设计出有效的同伦算法，取得了一批丰硕的成果，证明同伦算法在许多情形下较之QR方法的优越性。

李教授的“坚持”功力遗传给曾钟刚的效果最为显著。重根问题是理论分析或实际求解方程过程中的一个棘手问题，它的困难在于出现了某种意义下的奇异性。举个容易理解的例子。一个2乘2系数矩阵为非奇异的二元一次方程组有且只有一个解，而且允许系数有点小误差而不影响解为唯一这个好性质。但是如果系数矩阵每个元素都是1,它就变为奇异的了。这时不仅给定的方程组可能没有解,比如右端数分别是1和0,而且在有解的情形下,例如右端项都是1,则有无穷多个解。更进一步,方程的系数可以有任意小的误差,使得矩阵改变其奇异性,但也可以有任意小的误差使得奇异性继续留在那里。总而言之,这时可能出现不同的性质,情况就比之前复杂多了。我们用人人都懂的事例再做类比。前一种的"非奇异"相当于一个人站在桌子的中间,双脚的小小移动依然使他安全而不会跌到地上;而后一种的"奇异"相当于这个人站在桌子的边缘处,一不小心脚步向外一移就会跌落桌下,尽管向内移步无论多小还能保持安全站立。

曾钟刚和他的导师一样,对还未理解的东西持有好奇心。他放下了其他的研究课题,一门心思探讨"重根问题"。经过五六年的苦思冥想和独立钻研,借助于向某个流形投影的技巧,他终于提出了一种有效的方法处理重根问题。尽管那几年他无暇发表其他论文,他做出的出色工作甚至感动了国家科学基金会计算数学口的负责人和基金审核人,立刻批准资助他的创造性研究。要知道,美国与中国相比,数学教授获得基金支持的比例很低,李教授曾告诉我,即便约克教授也不能保证他的基金申请一定能成功。在台湾新竹清华大学读研究生时教过李教授,后来比学生更早成为密歇根州立大学"大学杰出教授"的微分几何学家陈邦彦(Bang-Yen Chen,1943—　)教授,有次申请国家科学基金会研究资助未果,从此就不再申请了。曾钟刚的成功充分说明治学中的"坚持不懈"是何等的重要。

十几年前李教授有次访问南京大学时,有位在国内拿到博士学位但工作做得比大多数留洋博士好的年轻教授在陪他吃饭的时候问他，听说国内学生到美国读研究生一、二年级的时候成绩多半杰出，可是过了选课期到研究做论文的阶段就逐渐落后于美国学生了，不知是真是假？李教授是这样回答对方的："一般较用功的东方学生，在国内受教育时大都下很大功夫在记忆数学上的逻辑推论：这一步为什么导致了下一步，下一步为什么再推出了下一步，等等；然后再把所有习题都拿来钻一钻。在这种情况下，一般的笔试是很难考倒这帮学生的。"但是美国学生从小养成的习惯又是什么呢？他继续讲到西方的学习方式："可是美国学生所不同的是，在他们早期的数学教育里却已很普遍地在问：它想表达什么(What does it say)？以及它为什么可行(Why does it work)？这些问题在笔试时几乎不太可能遇到。但在做研究时却是非常非常重要。"

这让我想起我多年前有次回国在越洋飞机上的一段对话。在那次长途飞行中，我的邻座是一位美国先生，毕业于北卡罗来纳大学教堂山分校历史系，所工作的公司在中国广东的工厂制作家具。当我们闲聊到他对中国教育的观察时，他告诉我，中方的工程师在技术上非常听话，按部就班地遵循外国工程师的设计方案，很少有另辟蹊径的创新建议。他有个美国朋友曾在北京的一所学校教物理。他绘声绘色地引述了朋友对中国填鸭式教育所说的一句俏皮话：如果老师在课堂上教 $2+3=5$ 这个等式，美国学生就会问为什么 $2+3$ 不等于 4 或 6，而中国学生则默默地将公式记在心里。最后那几个词形容得如此生动，让我禁不住大笑起来。不会思考或不想思考，是中国几千年满堂灌传授知识的后果之一。

我庆幸自己生在一个自学成才的教师家庭，血液里流淌着"悠悠万事，唯此为大，理解先行"的教育哲学，从不在不理解的状况下死记硬背。但是我良好的记忆力又让我的理解锦上添花,该到用时能想起一个定理出自何处,一个理论来自何方。我还清楚地记得我读研究生时的一位室友对我的夸奖。他大学本科所学专业是物理,跨行业考上南大赫赫有名的气象系读硕士,需要修读数学系学生都嫌难的实变函数论。那学期他问了我几次深奥的分析概念,我的回答令他满意,“佩服”我几年后还能记住这些一般情况下不应该如数家珍的东西。

李天岩教授经历过东、西方不同的教育体制。在新竹清华大学数学系,他似乎打下了未来所需的坚实数学基础,但他却认为,是他的博士论文导师教会了他怎样成为出色的研究者,从而深刻反思了东方教育的弊端。比他小十三岁的我,也自认为从南京大学数学系学到了基本功,也在何旭初先生的鼓励提携下强化了自学能力,并且通过他主持下的讨论班实践了怎样讲数学,但是我在密歇根州立大学数学系读博士的四年半里,李天岩教授对我的言传身教,影响了我的后半生。他不仅有意无意地给我传授了治学之道,而且在四年的讨论班活动中,留下了许多值得我回味的有启发意义的故事。

△ 第七章

讨 论 班 上

对终生从事学术研究的人而言，将自己的研究成果通过书面写作在专业期刊上发表出来，是一件重要而又艰巨的工作，但同样重要并且同样伴随自己学术人生的另一件事就是专业演讲。动手写和动嘴讲像动脑子一样，都是学者必不可少的终生使命，也是使得自己的贡献尽快"广为人知"的绿色通道。因此，讲数学是一个数学工作者一生中最常做的事之一。从大学生、研究生阶段的讨论班上报告自己或别人的工作，到参加学术会议讲述自己的最新研究成果，讲数学的风格和艺术都起着似乎觉察不到但影响深远的作用。我们小时候进了小学读书后，或许就能凭直觉识别哪些老师的课上得生动有趣、深入浅出，到了更高的年级就能体会到一个优秀的教师对自己一生的巨大影响。我们读到的几乎所有写得好的科学家传记，都不会忘记告诉读者，尤其是年轻的读者，传主永铭在心的那些启蒙者和领路人。

阅读书籍和聆听演讲是提升自己的两大法宝。一本用心写作的科普作品能让读者印象深刻，一场精心准备的数学演讲也会给听众留下“不虚此行”的感受，这种称心如意的满足即刻反映在听众如痴如醉的面部表情中。引人入胜的演讲不仅给整个会场提供了精神大餐，而且也增强了演讲人的自信心，更有可能帮助他提升自己的学术声望。如果他是个刚出炉的博士甚至还未出炉的博士生，正欲在职场上推销自己，这甚至能为就职前景预订一张位置靠前的入场券。

每个人都对自己一生中所做的第一件重要事情记忆深刻。比如，第一次谈恋爱、第一次当父亲或母亲、第一次做报告、第一次拿学位、第一次学术演讲，或者第一次出国，都会留在脑海永不忘却。我在费曼传记 *Genius: The life and Science of Richard Feynman* 的中译本《迷人的科学风采》（上海科技教育出版社1999年出版）中读到，当他在普林斯顿大学物理系修博士学位，他的论文指导老师惠勒（John Archibald Wheeler, 1911—2008）教授第一次让他在讨论班上做报告时，他内心充满紧张的心理活动，因为那次听众中有爱因斯坦和冯·诺伊曼等大人物。万事开头难，成名后的费曼不仅是他那个时代最有名的美国物理学家，而且也是最好的科学讲演者。他基于给加州理工学院本科生教书笔记整理出版的《费曼物理学讲义》，和苏联伟大的物理学家朗道（Lev Davidovich Landau, 1908—1968）及其弟子栗弗席兹（Evgeny Mikhailovich Lifshitz, 1915—1985）合著的《理论物理学教程》一样，成了各自国家最受尊崇的物理系教学参考书，在全世界都享有盛誉。

亲爱的读者，如果你教过书或做过公众报告的话，无论是属于学术还是其他范畴，还记得第一次做讲演的情景吗？登上讲台时你是从容不迫还是紧张万分？是勇敢登台还是胆怯上场？表演前准备很充分还是临时抱佛脚？演讲中是面对听众还是面向屏幕？

吐字时中气十足还是细若蚊蚋？报告结束后大家满意还是自惭形秽？我清楚地记得自己一生中的第一次教学体验。那是我刚从高中毕业闲居在家之时。有一天先父问我敢不敢给他们学校的一位数学老师代课一个月。那个老师是江苏省扬州中学的66届高中毕业生，据说数学了得。我为了挣钱，马上说敢。那些初中学生大都比我年龄还大，但是我是天生的上讲台不怯场。第一天上课的内容是立体几何中的球冠体积。家父怕我镇不住学生，坐在教室后排以防不测。而我目中无人，侃侃而谈。学生被我吸引住了，窗外有几张本校女教师偷偷张望的面孔。那次的第一节课十分成功。一个月后我领到了27元酬金，家父也向我传达了学生说我"讲得比前任还好"的评语，从此我就更不怕教书并且热爱教书了。

我平生第一次的讨论班报告记忆犹新，也值得一提。那是在南京大学读硕士学位时的第一个学期。何旭初教授安排我们四个硕士生轮流报告斯坦福大学的运筹学教授伦贝格（David Gilbert Luenberge，1937— ）的著作《线性与非线性规划导论》（*Introduction to Linear and Nonlinear Programming*）。我被指定讲解书里关于"线性规划中的对偶"这一节内容。为了让听众充分享受其中的思想，我做足了功课，从我一直喜爱的泛函分析吸取了营养。我的报告一开始就强调"对偶"是数学的一个基本概念，贯穿于许多分支之中，包括泛函分析中的"对偶空间"和"对偶算子"以及矩阵理论中的"共轭转置矩阵"。我将数学的各分支看成整个有机体的不同侧面，自然地引出了线性规划中的对偶表述。我记得那场讨论班结束时，平时不苟言笑的何先生也微笑起来，几个同门弟子更是一致称好。

当然，这个小故事李天岩教授是不会知道的，我也没有自鸣得意地向他透露过。所以当我刚去他那里读书时,他自然要考我一番做学术报告的能力,于是就抓起期刊《数学规划》交给他的审稿差事,下放到我的手上,这就有了我在前面第四章中讲述过的"办公室报告记"。我还是像在国内那样以积极的态度对待它,比较圆满地完成了任务。

讨论班上的报告或一般学术演讲,即便在美国这个学术强国,也是问题多多。布朗大学的数学教授沃尔默(John Wermer, 1927—)1994年给《美国数学会会刊》写了一封读者来信,埋怨外来专家报告大都达不到预期效果。他归纳出原因是"演讲者不是对报告厅真实的听众,而是对想象的听众做报告。想象中的听众知道这个领域中的一切术语,知道最近和之前的所有结果,他们还记得演讲者刚刚引进(但是然后又很快擦去)的所有符号的意思,并且不费吹灰之力就能跟上屏幕上的复杂论证及计算"。他回忆起他读研究生期间所听的大拓扑学家霍普夫(Heinz Hopf, 1894—1971)的一场演讲。那时他拓扑、几何知识肤浅,不知道张量场、复流形和殆复结构,但他从霍普夫的精彩报告中学到了这些!因此,他规劝未来的演讲者记住如下的"演讲规则":讨论简单的例子;解释问题怎样来自某个经典论题;只列出几步关键的计算;无情略去大部分细节。

的确,公式可以忘记,但如果没有记住本质的思想,那等于是说以前没有真正学懂。讲演者"真懂"或"假懂",内行人可以不太费力地在他或她所做的学术演讲里辨别出来。李天岩教授曾有一句名言:"如果你真懂数学,就会讲得连高中生也能听懂。"但是一些做过学术报告的人经常表示不相信,因为他们的研究太高级了,无法讲得让高中生也能听懂。有的演讲人为他们的难懂报告辩解，大吐苦水："我的论题太复杂了，技术性太强了，需要的公式太多了，真的没法讲简单。"对此，演讲大师哈尔莫斯不以为然。他于1974年在《美国数学会会刊》上发表的文章《怎样讲数学》(How to talk mathematics)中这样说："我很怀疑这样的理由，并愿意更进一步说这样的表述表明不完全了解所讲学科以及它在数学中的位置。每门学科，甚至这门学科的每一个很小的部分，都有简单的方面，这些简单的方面，如这门学科的根、与数学的更广为人知的较老部分的联系，是非专业的听众们需要被告诉的。"

好的学术演讲遵循着哈尔莫斯所提倡的两个基本原则。第一个原则可用一位获得过美国最高平民奖的德裔美国建筑师范德罗(Ludwig Mies van der Rohe，1886—1969)提出的四字建筑真经"少就是多"概而括之。演讲内容应该初等、简单，便于听众消化，而不应该复杂、太过技术性，更不应该符号、公式、定义、定理和证明一大片。有趣的是哈尔莫斯就此搞过一次民意测验，其中只问了一个问题：阁下有没有因为一场报告讲得太初等而不喜欢它？回答竟然是一边倒的"没有的事！"因此他感叹一句："如果所有演讲者记住那句格言，所有听众将更聪明、更快乐。"

演讲的第二个原则是"以具体体现简单"。既然抽象概念的原始想法往往是简单的、具体的、深刻的，演讲时就理应通过具体模型传达本质而又易懂的思想。好的报告大都以听众熟悉的简单例子作为序曲，让听众在轻松愉快的氛围里慢慢进入角色。任何高深的学问或者任何抽象的概念都有它的原始模型，植根于一些具体的、实际的问题，而这些最初的想法往往是简单而又深刻的。抓住这些击中要害而又能说明问题的思想并将它们传达给听众，才会使得这场报告真正让在座的听众受益。理想的现代数学演讲，应该是好得让高中生也能听懂，或者能听懂其中的大部分。

比方说，假如在报告中要论证布劳威尔不动点定理，可用微积分中的介值定理作为其一维代表；二维情形可采用赫希的反证法思想。如要讲拓扑学中一般流形的欧拉公式，可以从直观的多面体着手，数一数点、棱、面的个数，看看它们之间的关系。如需解释代数几何中的比左（Étienne Bezout，1730—1783）定理，即变元个数等于方程个数的多项式方程组孤立解的个数最多为所有多项式的次数之积，可用矩阵特征值问题作为范例解释。总之，对于报告人，"少讲抽象，多讲具体"是让听众事后还能记住这场报告的一条锦囊妙计。

我听过李天岩教授做过的一场报告，内容是怎样用同伦方法解多项式方程组。我们之前已经知道这与抽象的微分拓扑及艰深的代数几何密切相关。如果他报告一开始就列出一大堆术语，比如微分流形或代数簇之类的，我相信听众就要开始打瞌睡了。李教授是怎样开始他的演讲的呢？他首先给出两个人人都会求解的二次方程，比如，$x^2-4=0$ 和 $y^2-9=0$。它们所组成的二元二次方程组共有四组解，听众个个都能将它们写出来。为了进一步调动他们的情绪，李教授的嗓门这时更是加大了分贝，手舞足蹈地开了一个国际名人的玩笑，幽默地称这个问题甚至连数学懂得不多的社会名流也肯定会解。这种偶尔为之的演讲俏皮话是西方优秀演讲者惯用的伎俩，极受听众的欢迎。事实上，美国著名的应用数学家和数学史家克莱因（Morris Kline，1908—1992），有一段常被引用的"演讲建议"：

> 我敦促每位老师成为一名演员。他的课堂技巧必须凭借着运用于剧院的所有手段来激发。他应该在适当之

时不仅而且应该成为戏剧性的。他不能只给出事实,而是要有火一样的热情。他甚至可以利用行为的怪癖来唤起人们的兴趣。他不应该害怕幽默,而应该自由地使用它。即使是无关紧要的玩笑或故事也会大大地活跃全场。

如此高中生也能完全听懂的开头,让李教授的听众不仅不想睡觉,而且好奇心马上大跳:既然解可以“不劳而获”,那这个简单的二次方程组有什么用呢?这时,演讲者不慌不忙地将这个“平凡”的方程组同伦连接到待求解的一般二元二次方程组。这样,从平凡方程组的四个平凡解点出发,四条漂亮的同伦曲线慢慢地向前推进。当同伦参数t从0递增到1时,那个需要求得的二元二次方程组的四个解就这样作为四条曲线的终点而出现在听众的眼前。这完全是一场哈尔莫斯所欣赏的学术演讲,听众满意,讲者得意,因为他没有浪费他们的时间。而浪费别人时间的罪过,按照鲁迅先生的判决,属于“谋财害命”那一级。

1990年5月,我在密歇根州立大学凯洛格中心举办的一次学术活动中聆听了李教授应邀所做的公众演讲《熵》(Entropy),极受启发。信息熵是现代信息论之父香农(Claude Shannon,1916—2001)于1948年创造的重要数学概念。他那篇划时代的文章《通信的数学理论》(A mathematical theory of communication),现今成了史上引用次数最多的科技文献之一。熵的思想在50和60年代分别被柯尔莫哥洛夫和阿德勒(Roy Lee Adler,1931—2016)等人用来发展动力系统的测度熵和拓扑熵概念,但这些新的数学工具建立在测度论等分析的基础上,在教科书或专著中的表述相当复杂,初学者不易理解。李天岩教授的报告完全抛弃了繁琐的测度论术语,从头到尾全用了初等语言,从量化不确定性的“三项基本原则”出发，证明了信息熵的合理定义公式，并通过抛硬币等众所周知的好玩游戏，引进了测度熵的思想并轻而易举地导出它的基本结论。在那之前，我从未接触过信息熵这一现代术语的数学原理。但这场报告将熵的信息植入了我的中枢神经，以至于八年之后，我居然发展出一种最大熵方法求解混沌映射的不变密度函数。

就在同一年的夏天，李教授在一个国际动力系统暑期学校中再次让熵燃烧了一把。在更早的时候访问大陆时，他也做过同一个论题的科普讲座，让听众听得入迷。回到美国之后，他告诉我，国内一些从事动力系统研究的数学教授，如北大的女数学家张芷芬(1927—　)先生，特别欣赏他的独特讲法，非要他将讲演稿转化成一篇文章不可，好让广泛的读者受益。于是他为《数学进展》杂志写了中文文章《熵(Entropy)》，当年发表。到了第二年5月，他被陈省身教授邀请去南开大学数学研究所的“动力系统年”做了一系列讲座，又一次让熵火了一把。这次他邀请了我和他共同撰写英文文章“Entropy-An introduction”，我深感荣幸。1993年，文章在“南开纯粹与应用数学及理论物理丛书”第四卷中登出。

中国科学院的一位数学院士林群(1935—　)先生，曾经描绘过他访欧时听到过的德国学者对好的公众学术报告的期待：外行人能听懂前四分之一；研究生能听懂前二分之一；专家们能听懂前四分之三；至少自己能听懂最后的部分。能把复杂东西用通俗易懂的语言完美表达给听众，这才是最高的演讲水平。2019年，我听过林先生面向数学教师关于学习微积分的一个教育演讲。他将微分和积分的基本思想和方法大意解释得人人都能听懂。许多人做的数学报告往往将简单问题复杂化，好像不这样做就显示不出他们的高才似的，而一位院士却能用简单形象的语言让普通老百姓听懂350年来最伟大的数学发明,其中的甘苦只有演讲者自己清楚。

的确,卓越演讲人的讲堂效应可用"冰冻三尺非一日之寒"来比喻。哈尔莫斯这位写作演讲数学的武林高手,是这样准备他的一场报告的:"我大声讲了一遍,然后对着录音机又讲了一遍。然后我从头到尾听了六遍——其中三遍找出需要加工的地方(下一遍前已经加工),其后的三次用于调整演讲时间(特别要对每部分的用时找到感觉)。一旦做完了这些,并已准备好了胶片,我从头到尾又彩排了一次(就我自己,没有听众)。这就是工作。"一位著名数学家也曾告诉他,为了做一个五十分钟的学术演讲,自己足足花了五十个小时为之准备,也就是说,平均一个小时准备一分钟的报告内容。在文艺界,"台上一分钟,台下十年功"正是这类精益求精的艺术家们的真实写照。

英国有名的数值分析学家海厄姆(Nicholas John Higham,1961—)在他关于数学写作与演讲的书中,希望每一个报告者"试着做一个充满活力的演讲来表达你对主题的热情"。

这样的高手中包括我们的领袖毛主席。他于1957年11月17日在莫斯科大学的大礼堂,对中国留学生发表的演讲:"世界是你们的,也是我们的,但是归根结底是你们的。你们青年人朝气蓬勃,正在兴旺时期,好像早晨八九点钟的太阳,希望寄托在你们身上",令人心潮起伏,今天依然具有激荡魂魄的力量。美国著名黑人民权领袖马丁·路德·金(Martin Luther King,1929—1968)于1963年所做的《我有一个梦想》(I Have a Dream)的著名演讲,至今还回荡在美国的上空。肯尼迪(John Kennedy,1917—1963)总统就职演说中的一句名言"不要问你的国家能为你做些什么——问你可以为你的国家做些什么”,唱起了爱国主义战歌。确实,充满激情的演讲会给人们烙下永不磨灭的印记。

自然,学问家的学术性演讲不必追求政治家鼓动性演说的雷霆万钧之力。然而,无论是极佳的或极差的演讲,都会给听众留下深刻的印象。我经历过一次因自己的一次演讲留给校长好印象而获得的快感。那一年度,我因为获得本校的研究奖而要做个面向全校的公众报告,校长也来听了我关于“混沌”的演讲并给我挂上奖章。当晚在宴会前的宾客自由闲聊中,校长特地走到我的面前,对我的报告表示赞赏:“你有激情。”我回答道:“我们需要激情。”他马上接着说:“绝对如此!”在宴会后的讲话中,校长列举了学校工作中烁烁闪光的一组数据,在解释其中的数量关系时又没有忘记我,幽默了一句“我的数学没有丁博士好”。那天我在晚宴活动中出了一点小风头,起因就是我那场演讲。我应该将此归功于在密歇根州立大学求学的四年中,来自李天岩教授数学讨论班的训练。

可惜,高超的演讲能力不是每个人都那么容易具备的。有的人天生就是演说家,做起看似枯燥无味的学术报告,却犹如我家乡扬州有名的评话家王少堂(1889—1968)说的“武松十回”那么精彩纷呈。而另外一些人,尽管学问一流,才高八斗,却由于某些天生的习惯,演讲起来难以调动气氛。一个例子当数日本的第一个诺贝尔奖得主汤川秀树(1907—1981)。在普林斯顿高等研究院工作过的荷兰裔美国物理学家派斯(Abraham Pais,1918—2000),去世前为美国原子弹之父、战后担任过高等研究院院长的物理学家奥本海默(Julius Robert Oppenheimer,1904—1967)写过一本因去世而没能完成但由一位著名历史学家续写出版的传记,其中记载了汤川秀树 1948 年访问那里第一次做报告时的情形:表情羞涩,背向听众，声音细若蚊吟。这位说话声音与其健壮身材不太相称的东方学者，第二年就打破了日本诺奖数目为零的纪录，但是他在北美科学界的首次演讲特点也留下了永久性的文字记载。与他极为相反的是中国的计算数学家冯康，他的身材是又瘦又小，但是我听过的他在母校南京大学数学系的一次讲话完全是极具穿透力的“巨人之声”。

学术演讲不成功，除了有自己没有真懂报告内容的因素外，还有一个重要原因是，演讲者有意无意地假定听众和自己都是内行。事实上，即便听众个个都是内行，也要把他们看成是十足的外行。这就是我第一次在李天岩教授面前做报告前，为何他先警告我“你要把我当成笨蛋，我什么也不懂”。那天，我被这句话震惊了，但是几年下来的讨论班实践，以及来自李教授那里从身教到言教所学到的“怎样讲数学”的点点滴滴，我愈来愈感到这句夸张之语的哲理性。从那一天起，每当我准备报告稿时，都会想到这句告诫之语。多年来，从中国到美国，我认识的一些人，包括当年和我一起读书的中外伙伴，都或多或少地没有按照这句箴言行事，我的日记也有一些记载和评述。然而，我们几个师兄弟，通过那几年的讨论班演讲训练，讲数学的能力稳步提高，一个论据就是在 90 年代初美国大学教职最难求的那两三年，我们都找到了正式的助理教授位置，而许多其他学校包括常春藤名校的新出炉博士或本系其他一些教授的部分弟子，最终只好伤心地离开数学，改换门庭，从事了其他职业。那么，在讨论班上，李天岩教授到底教了我们哪几招呢？

我所想起的第一招，并非与怎样做学术报告的具体操作有关，而是与在中国比较普遍的“思想政治工作”类似。记得每个学季我们的第一次讨论班,基本上是听导师训话。平时大家难得齐聚在同一教室,正是这位"军队政治委员"高效率做思想工作的最佳时机。这时,他对学问的不懈追求和对学生的高度要求全部凝聚在他那不苟言笑紧紧绷着的脸庞上。这时,尽管我们当中年龄最大的只比他年轻八岁,最小的也只比他小了顶多十五岁,我们每个人都毕恭毕敬地听他的训词:"我不希望你们今后到麦当劳去端盘子"或"你们今后找工作都需要我写推荐信,但你干得怎么样我就写怎么样,一切由你自己决定",就像旧时代小辈面对长辈训斥洗耳恭听一样。如果时间倒退五十年,而他充当我们的私塾先生,那肯定会像陈凯歌电影《霸王别姬》中的那个师傅用藤条抽打两个已成名徒弟一样毫不手软。如果我们流露出困难的情绪,李教授就提醒我们他是怎么克服困难的。他的一句名言我们至今都记得清清楚楚:"如果你们做学问有什么困难,只要想到我的一身病体,就不会有任何困难了。"他全身是病,体内只有一只肾为他工作,而且是来自别人的肾。他一生中所遭遇的病魔之痛,骇人听闻,我在后面将详细叙述。

我们这些国内恢复高考后的第一届大学生,尽管和当年整个77级的学子一样以悬梁刺股的精神在校园里勤奋读书,但在李教授的眼里,还是没有勤奋到下足苦功夫那一步。我的日记里也时常为自己用功不够而三省其身,自我忏悔,自我谴责,但偶尔也会寻找理由为自己开脱。1987年7月1日,离他去日本访问一学年只有两天的光景。那天傍晚七时我赶去他的办公室告别,晚上的日记最后一句是:"他对我们并不满意,不用功。"难怪当我南大的昔日老师向他问及我时,他会吐出"就是华罗庚推荐来的我也不要了"那句惊人之语。

李教授是个合格的政治思想工作者，因为他的言教和身教相互配合，感染着我们，督促着我们，鼓励着我们昂然走在学问的大道上，向前再向前。中文的“学问”一词由两个字“学”和“问”组合而成，从字面上就给出了学术研究本质上的两大内涵：对知识的学习和对创新的追问。光“学”不“问”往往只能堆积知识，大脑只充当了存储器的作用，久而久之就会磨掉创新能力，滑进“述而不作”的泥坑。季羡林（1911—2009）先生曾经回忆起他在德国格丁根大学十年苦读时所经历的一件难忘之事。他的博士论文导师对他人生中第一篇篇幅较大的学术论文的初稿提出了尖锐批评：“你的文章费劲很大，引书不少。但是都是别人的意见，根本没有你自己的创见。看上去面面俱到，实际上毫无价值。”他第一次受到剧烈的打击。但是他感激这一次打击，因为“它使我终生头脑能够比较清醒。没有创见，不要写文章，否则就是浪费纸张。有了创见写论文，也不要下笔千言，离题万里。空洞的废话少说不说为宜”。由此可见，学富五车不如富有创见。创造力的重要源泉之一就是“问”，而讨论班提供了问的一个好场所。

李天岩教授一直告诉我，他的学问不仅仅是正襟危坐的苦读所得，也不仅仅是早起晚睡的辛勤果实，相当多的是来自餐厅饭桌边与同行或非同行的相互讨论。这也是“问”的一种形式。举个例子，他自己的研究领域并不属于最优化这个应用学科，但他有许多在这个领域耕耘的学界朋友，比如我见过的托德、伊乌斯、小岛等教授，都和他有交流，访问或开会见面时他总和他们讨论最新的发展，所以他不时收到他们寄来的有关内点算法的最新论文。而当我被吸引到这个新兴领域后，他能畅通无阻地和我探索同伦思想与内点算法如何嫁接的问题，因为“同伦”是他的本行强项，而“内点”是他从餐桌边获得的新生事物。我在密歇根州立大学的那几年发现，打破砂锅问到底是他参加讨论班听数学报告的习惯做法。在本系邀请外校大牛来做演讲时他提问，在我们自己的讨论班上他更是问个不停，因为没有时间限制，他可以毫无忌惮地追问不休。

正是由于不停地思考，不停地提问题，李教授似乎有做不完的研究。我刚到密歇根州立大学的第一晚，考过博士预备考试后刚开始跟他做研究的张红就以十分佩服的口吻对我说起导师：“系里有的教授好像写不出文章来，但李教授总是出文章，忙得写文章的时间都不够。”后来我自己也当了教授，的确发现有的同事好不容易挤出几篇像模像样的文章终于被评上副教授，也拿到终身聘用的资格。这个资格可能是大学教授这个职业最吸引人之一的地方，因为美国成百上千的全部行当中，也只有联邦最高法院的大法官是唯一的另外一个终身职位。但是有的副教授却成了“终其一生”的副教授，因为他们江郎才尽，再也挤不出文章了。在他几十年的数学研究中，李教授的创造力一直汹涌澎湃，不仅和昔日学生，而且带领一批又一批的新弟子不断开拓新的研究局面。这也解释了为何他是整个密歇根州立大学仅有的四名数学教授之一，他们在几十年的科研生涯中一直没有间断地获得国家科学基金会的资助。我对他的一生有点感到遗憾的是，由于他一直忙于创新研究，竟没有找到时间完成他那本让我给他打了草稿的遍历理论中文专著，或我毕业后又帮他翻译成英文的对应英文书稿。尽管如此，他还是为学术期刊撰写了两到三篇篇幅几乎像一本书的综述性文章，内容大都是关于求解多项式方程组研究进展的最新状况。

讨论班的确是讨论问题的绝妙地点。在这里，什么教授，什么学生，一切人为的等级观念统统可以休矣，在真理面前人人平等，没有绝对的权威。其实，与我们习以为常的想法常常唱反调的是，在美国，大教授许多东西也不懂。这是千真万确的真理，他们听到这句断言也不会生气，更不会感到被冒犯，反而是心服口服。我记得有一次我回到密歇根州立大学数学楼，在昔日导师的办公室向他讲解一篇新文章的思路。李教授像以前一样不断问我问题，我当时甚至觉得他怎么问这些在我眼里属于小儿科的问题。其实，我错了。因为文章的原始思想是我想了很久才获得的灵感所致，而他没有经历这一个过程，自然像“刘姥姥初进大观园”一样要问这问那，不弄个水落石出决不罢休。这与国内的青年研究生面对院士级别学术权威的诚惶诚恐感觉不太一样。在中国不少人认为，院士是什么都懂的，只有学生向他们请教的份儿，哪有他们俯首向学生请教学问的道理？

纵观中外现代数学史，讨论班在培养创造型人才上起着无可替代的作用。从上世纪上半叶起，法国有尤利亚（Gaston M. Julia，1893—1978）的讨论班和阿达马（Jacques Hadamard，1865—1963）的讨论班，苏联有柯尔莫哥洛夫的讨论班和盖尔范德（Israil Gelfand，1913—2009）的讨论班。五十年前对世界数学影响巨大的法国布尔巴基学派，至今还保持着每年春夏秋季各一个周末的讨论班活动，每次有五个特邀报告，吸引世界各地超过两百人参与讨论。中国大陆50年代华罗庚先生的数论和多复变两个讨论班，培养出一批数学才俊。我有一年在香港访问，也听朋友说丘成桐教授在香港中文大学的讨论班从早上不停顿地讨论到晚上，足见他对数学研究的满腔热忱、培养人才的苦心孤诣，以及他自己的过人精力。

把讨论班的讨论特色发挥到极致的是上世纪30年代波兰利沃夫的一批年轻数学才俊参与其中的“苏格兰咖啡店”。他们的领袖是巴拿赫(Stefan Banach, 1892—1945),提问题最积极的是乌拉姆。他们长时间聚集在这个因数学而已经流芳百世的咖啡馆,讨论数学、提出猜想、争论不休、寻找解答、留下记录。一些来访的国外数学家,如冯·诺伊曼,也在巴拿赫太太提供的大笔记本中留下了未解决问题。而那些当时未能解决的数学难题,尤其是乌拉姆的大脑构思出的那一部分,成了他那本著名的《数学问题集》中的部分素材。

1987—1988 学年,李教授受日本京都大学数理解析研究所邀请,作为每年只有一个名额奖给外国学者的“讲座教授”访问日本一年。李教授不在美国期间,我们的讨论班基本中断,几个师兄弟像没有家猫威胁的老鼠那样活得自由自在,除了个别听话或者真心想参加的,甚至都没有光顾系里一个美国教授主持的数值代数讨论班,但一个个读书或者做研究还是很自觉。到了1988年夏李教授硕果累累地回到美国,那一批同时入校的五人都先后通过了所有的资格考试和预备考试,摩拳擦掌开始做研究了。9月下旬秋学季一开学,李教授马上命令我们恢复讨论班,并要正式指定一个“联络员”。众人推举了我,因为除了我们的师姐,我“资格最老”,而且师姐忙着要写博士论文,就不委派她额外的行政工作了。到我1990年夏毕业离开那里开始教书生涯之前,我一直保持这个身份。

那学季的讨论班时间是每周四下午三点到四点。我的日记对正式启动前的那次聚集会上李教授的讲话做了总结:“下午 1 时李教授学生开会,他训了一顿话,以自己的经历。要点是:不要背后捣鬼；多吸收知识；不要对洋人奴颜婢膝。”这三点要求也概括了他一辈子的人生态度。至于是否有人对洋人“奴颜婢膝”，那可能依“评判标准”的不同而有不同的答案，各人见仁见智。不过他确实向我流露过对一位外国访问教授“舔美国人的屁股”的做法甚为蔑视。引号里的七个形象字眼是他的原话，可见他的不满程度。的确，在我海外认识的华人中，李教授或许是在西方人面前腰杆挺得最直的一个。然而，他并不属于根植于自卑心理而表现出狂妄自大的那一类祖国同胞，而是一个做人不卑不亢、待人一视同仁、内外晶莹透彻的正人君子，这从下面一章中转述的他的美国同事对他的评价可以略见一斑。几十年来，李教授对我敞开心扉，不说无关痛痒的“外交辞令”，常吐出生动的语言表达他内心的真实世界。有一次他提到在国内的某个电梯口与一位留给他很差印象的学者不期而遇，对方热情似火地向他打招呼，而事后他对我说“我真想踢他两脚！”

在包含三个学季的整个一学年里，我们除了在每周一次的讨论班上与李教授打交道外，还身处一个广义的“讨论班”，那就是他开设的一门关于遍历理论的新课程。在这门长课中，他问的问题说不定比讨论班上的还要多，尤其是第二年的春学季。用提问的方式来训练学生，而不是满堂灌输，是美国一位数学教授的独创，被称为“摩尔法”（The Moore method）。拓扑学家摩尔（Robert Lee Moore，1882—1974）于1911年在宾夕法尼亚大学教一门课程“几何学基础”时，正式使用了这个教学法。其主旨是让学生成为课堂的积极参与者，发现定理，证明定理。第一学季，除了我们六个师兄弟外，还来了一对美国夫妻博士后，所以李教授只好放弃他最喜欢的中文，用英文授课。我记下了第二次上这门课时的一个情节：

"李教授在课上问我们谁未听说过 Nikodym 定理,我说'no one',他马上叫我叙述它。我开始小吃一惊,然后从容不迫地叙述了一下。他无法找到岔子,又一次战胜了他。"尼科迪姆(Otto Martin Nikodym,1887—1974)是波兰的数学家,这个测度论中冠以他名的著名定理比他本人还出名。看得出,我当时回答得颇得意;也看得出,他经常会出其不意地考我们。当然有一次我被他问住了,没能回答上来,日记里只有记录,却没有说问的是什么,只找了一个借口:那天身体欠佳。又有一次,他突然指着一名弟子叫其回答"有限维空间和无限维空间的主要区别"。那人一愣,慌忙中只说前者可以用线性代数研究,他不甚满意,又让另一位回答。这回答对了:在于单位球的紧性。

所以,那年修他的课,课堂上要随时准备迎接他的突然袭击。但是,我们从李教授这一学年的精彩课程中"遍历"了形形色色的数学园地,这与遍历理论这门学科的综合性质相关。它需要测度论、实分析、泛函分析还有其他学科的知识密切合作,分工负责。三个学季过后,我们几乎都被训练成一名嘴里测度来测度去的分析学家了,甚至不用复习都有可能通过系里的实分析博士预备考。但是李教授有时布置的家庭作业,让我们几个自认为训练有素的都感到头痛,好几天做不出来。事实上个别题目曾是历史上的难啃骨头,难怪他在出题后嘴里冒出一句"不会做不要问我"的话。不过,他的弟子们自尊心也强,最终啃下了这块硬骨头。至于我,这门课改变了我未来的研究轨迹,从内点算法的地盘跨入计算遍历理论的场所。

到了冬季学季,为了让我们见识一下遍历理论里的有些文章究竟有多难,也让我们多接触一些别人有分量的最新结果,李教授跑到我办公室，交给我一篇波兰数学家密修洛维奇（Michal Misiurewicz，1948—　）于 1979 年写出的论文《某些区间映射的绝对连续测度》（Absolutely continuous measures for certain maps of an interval）原稿，让我读懂后在班上做报告，作为对他授课内容的补充。李教授和该文作者合写过关于混沌的文章。这篇文章让我备受折磨，思路跳跃很大，理解起来极难。一个月后我找到 1981 年发表该文的法国数学名刊，才知道论文最后的修改定稿大不一样，大大增加了篇幅，估计审稿人也觉得难懂而让作者插进了若干解释，发表后的文章占据了杂志的五十多页。再过了一周，我开始讲解据说是 80 年代遍历理论领域最难读之一的这篇论文。或许正是读懂了它，我真正被遍历理论迷住了，甚至感觉我以前培养起的对分析的热爱在这方面可能大有用武之地。其实上个学季李教授就已经注意到了我对该学科的浓厚兴趣，于是有意无意地将我引进了我到了美国后才开始学的这个新领域。

几年的讨论班，我们所有的弟子轮流报告自己的工作或别人的论文。无论报告的内容如何，李教授有一个不能破坏的规矩，那就是“我不要听你的‘ε-δ’语言，我要听背后的思想”。这个要求听上去简单，但做起来绝非易事，尤其对准备不充分或者没有搞懂思想的讲演人。我不知听到多少次李教授不满意的声音打断讲解者的话语，也不知目睹多少次他走到黑板前亲自演示该怎么讲——那时做报告没有电脑胶片，一切都是写在黑板上的板书。我至今依然相信黑板上的粉笔字是数学交流的最佳现场推演，而一切看似非常漂亮的 PPT 之类的演示都远不及它有效。难怪大数学家乌拉姆会说出“看到黑板或草稿纸上的乱涂会改变人类事务的进程，对我依然是无尽的惊奇之源”这句名言。但是，正如谚语“世上无难事，只怕有心人”所揭示的那样，我们所有弟子，在李教授的严苛训练下，在他的批评声中，在学术上长大了，包括在演讲中成长。

我所经历的最典型例子莫过于他对我为寻找教职而准备面试报告的手把手指导。那是在1990年2月。之前的1989年秋，当我写出两篇来源于那年夏季帮李教授起草中文书稿的文章，他很高兴，让我以此为基础撰写博士论文，翌年毕业。于是在年底，我开始到处投寄申请材料，谋取大学教职。不料第二年春开始，拒绝信纷至沓来，完全不像我的师姐一年前找工作有好几个面试的那种行情，更不及我的大师兄1982年博士毕业时众多学校请他校园面试而因应接不暇不得不拒绝的一派盛况，而是导师1974年毕业时就职市场一片萧条情形的复辟。除了那几年美国经济的不景气已经开始出现这个主要因素外，还有一个重要原因是苏联和东欧因政局剧变而导致大量科技人才来美发展。加上那些早我几年公费出国留学、已经戴了好几年博士帽子的优秀华人学者，由于和J-1签证绑在一起的“回祖国居住两年”移民限制政策暂时移去，也在积极地寻找大学的正式位置，比如女儿由我顺便带到密歇根州立大学来的那位博士父亲。我只是一个还没有拿到学位的准博士，面临的是如林的强手和不多的教职。

可能由于我的个人履历表上列出了几篇发表或被接受的文章，1990年2月16日晚上七时，我终于等到一所位于华盛顿州、周围有山有水有风光的大学打来的电话。数学系的主任邀请我两周后去那里面试。众所周知，面试成功与否主要取决于候选人五十分钟的学术报告。十六年前有过同样经历的李教授走过同样艰难的道路，拿到的第一个教书饭碗也仅仅是在一所大学当讲师。之前几个月他为我写推荐信时，没人知道大学的位置这么难找，所以他的信只有半页纸长，尽管句句都是好话（后来几年他给我师兄弟写的推荐信都不得不写上两页三页）。这时他要开始弥补他的失算，竭尽全力帮我拿到这个位置。于是他马上帮我列出了一个报告提纲，组织好演讲材料的先后次序，题目确定为“弗罗贝尼乌斯-佩隆算子的有穷维逼近”。最妙的是，他为我精心设计了一个两系三教授申请基金的好例子，可以帮助听众形象理解我所谈论的抽象算子，人人都能听懂。整个准备过程是一次“平时多流汗战时少流血”的大演习，也是进一步实践“李天岩数学演讲思想”的天赐良机。第一次练兵的场所就在我们的讨论班上。没料到，我2月22日给出的第一次试讲，一直对我的数学报告鲜有批评的他，这一次却吝啬得只给了我区区20分，这个分数他曾用在讨论班上另一个人的一次报告上。

我清楚地知道这个分数是客观的。之前我们的所有讨论班，只要没有听不懂中文的人参加，统统都用母语。因为李教授也以为我们毕业后将很快返回原校——这也是我们的留美初衷，所以我们几乎没有用洋文做过自己讨论班上的报告。我的这个英文报告暴露出我发音的许多问题，比如有的辅音发不准（例如我至今也分不清l和n发音的区别），或重音该放何处。在剩下的十天里，他用心良苦，帮我纠正我先天就差的古怪发音，继续协助我调整演讲的内容，巧写公式的内外，调节语速的快慢。比方说一个数学表达式不一定非要从左写到右不可，而是应根据思维的过程及逻辑的顺序，从某个地方先写，“从内部攻下堡垒”，这样听众就会快速理解。须知几乎所有听众都没有冯·诺伊曼那么聪明，也没有比屠格涅夫（Ivan Sergeevich Turgenev，1818—1883）更大的脑袋。我那次真的对他佩服有加，他俘获听众的高超本领确实令我折服。由于我自己也十分重视这场决定命运的面试报告,对演讲方式和单词发音反复练习,加上李教授的不断把关,到了3月1日距我去面试的四天前,他对我在他办公室的最后一次的试讲,持了相当肯定的态度。

3月5日下午,我在那所小城大学的面试报告刚结束,台下的一位中国助理教授连呼了好几遍“excellent”(太好了),奔到讲台向我道喜。从系主任到聘用委员会的几乎所有成员,一致认为这个报告非常精彩,因为他们从头到尾全听懂了,尤其是我那个风趣的三教授例子,引来一片笑声。这就是消化了李天岩教授四年前在我来美第一次做报告时那句“笨蛋之说”的最大收益,也是他给我们坚持不懈的讨论班严格训练的直接果实!

从那以后,我在其他地方所做的学术报告,几乎个个都受欢迎,也听到不少赞美之词。十多年前我在访问中国科学院数学与系统科学研究院下属的计算数学与科学工程计算研究所时,应邀做了一个“午餐会演讲”,内容是我那几年与合作者探讨的动力几何问题。三十分钟的报告一结束,在场的来自海外的杜强教授马上说,我的演讲神态和举止简直与李教授如出一辙。杜教授曾在我毕业的那年成了李教授的年轻同事,拿过教学奖的他对也拿过教学奖的李教授的演讲风格自然十分熟悉。听到他的夸奖,我想起自己在南京生活近八年,家乡的扬州口音也夹进了南京人的腔调,使得我说中国话的南腔北调一直让李教授困惑,但在密歇根州立大学的四年半,我天生的讲课能力加上他对我潜移默化的全方位影响,让我从固有的“丁氏讲演法”上升到“李氏讲演法”,成了李教授在讲演方面的一个传人。

△ 第八章

精彩人生

李天岩教授的一生只活了75周岁差三天，作为常人眼里生活条件优越、薪水和社会地位很高的美国教授，当然不能算高寿。我今天才从我以前出版的书《智者的困惑：混沌分形漫谈》中得知，他和他父亲都在75岁时离世，这种巧合真令我惊奇。然而，作为一名数学家，他的努力、他的奋斗、他的成功使得他成为事业人生的赢家、芸芸众生的楷模、青年学子的榜样。他的一生是活得精彩的一生、令人难忘的一生、充满传奇的一生，同时也是令人唏嘘的一生。

李天岩生于一位医学教授之家。他的祖父曾为清朝拔贡，留学过日本学习警政，回国后担任过甘肃省警官学校教官。他的父亲李鼎勋像他祖父一样也去了日本留学，但像鲁迅一样学的是医学，在东京帝国大学医学院获得医学博士学位，1934年回国后执教于湖南长沙的湘雅医学院，后来先后担任过福建省省立医院的院长和福建省省立医学院的院长。他的小叔叔李震勋（1912—1968）跟随哥哥的脚步也走上了医学的道路，入学哥哥任教的湘雅医学院，后来走上了革命的道路，解放后担任过大连医学院的院长，但从他56岁英年早逝就可猜测他在那个特殊时代的遭遇。

1948年，李天岩刚三岁，父亲已去台湾，母亲尚留在上海。许多亲戚劝她和孩子们就在那里等待局势平息丈夫归来。但李鼎勋博士却感觉到将来未必如此，未来不可预测，于是李夫人坚定地告诉亲戚们："我必须立即去我丈夫那里！"这一团聚，改变了她以及三个儿子的命运。她不仅将三岁的李天岩和两个哥哥千里迢迢地从上海带到台湾，而且把他们都培养成德智体全面发展的好儿子。比李天岩仅仅年长一岁的二哥李灵峰(1944—　)，在台湾大学毕业后留美，成为一名理论物理学家，在卡内基梅隆大学任教到退休，回到台湾在位于新竹清华大学校园内的理论科学研究中心担任物理组主任，而弟弟李天岩则成了一名数学家。

李天岩(后排右二)与父母兄妹的全家福

从小到大，李天岩都是一个品学兼优的学生。除了父母的以身作则善于管教外，也有他同样优秀的兄长的模范作用。我曾在拙著《亲历美国教育：三十年的体验与思考》中考量分析了中国父母期望独生子女日后飞黄腾达的美好愿望。他们当中许多人的做法是给孩子提供无忧无虑的物质条件，不吝成本地为其购买教育资源，如买下昂贵的学区房，送进师资最强的学校，或放到高收费的辅导机构继续培训。但是他们却少做了一件事，就是以身作则。自己不甚爱读书或不太想读书，反而热衷于职场赚钱或打牌游乐，或整天手机在手，乐此不倦。我感叹道，这种“对别人马列主义对自己自由主义”的父母，对子女是极不公平的，教育效果也常常适得其反，因为胆子大的子女会反问他们：“你们让我进名校不就是为了在自己的脸上贴金吗？”相反，如果父母用身教来实践言教，一辈子热衷读书，活到老，学到老，那么子女自然就会有看齐的对象，而且对象就在眼前，无须家长督促，既省时间又省力气。我在美国从读书的北方到教书的南方，普遍看到的华人教授家庭都是：当教授的家长教学科研双肩挑，子女从小耳濡目染，以他们为榜样，小小年纪就能滋生远大理想，无须督促，自觉成才。

成名后的李天岩教授一直对其博士论文导师约克心怀感激之情，认为自己的成功很大程度上源于从他那里学会了怎样做数学。1989年2月16日，在数学系为一位德高望重的本系教授举行派对时，李教授和我拉上了家常，第一次告诉我近二十年前他是怎样当上约克教授的博士生的。他实话实说是他的师兄周修义介绍的。1969年，当他进入马里兰大学时，来自新加坡只比他大两岁的周修义快毕业了，第二年就获得博士学位。周修义的第一个博士论文指导老师也是1966年留校执教的约克博士的博士论文导师，但导师38岁不幸早逝，于是周修义就转而拜“师兄”约克为师，尽管后者那时还只是一名助理教授，但是有眼光的青年才俊周修义已经预见到这位助理教授今后将成大牛。这名准博士也看准了刚来的新秀必能成器，于是就向约克教授推荐了李天岩当弟子。第二年5月李天岩考了博士资格考，约克是他的考试委员会成员，开始问他一个属于控制论的问题，他答不上来，就不问此问题了。李天岩成了约克的博士生后，两个月内做完给他的第一个题目——关于巴拿赫空间微分方程初始问题解的存在性问题。这后来被约克教授视为李天岩一生中的第四大数学成就。

李天岩教授不幸病逝后，他的弟子们集体修改润色了大师兄朱天照教授事先安排我起草的中英文讣告，其中有句补充的话是朱教授亲自加上的：李天岩教授在台湾“接受了传统的中文教育”。我很赞同这句画龙点睛之语，因为它概括了导师身上体现出的深厚文化内涵从何而来。一个人早期所处的环境和受到的教育，对其有终身的决定性的影响。

当今国内的教育方式与传统的模式相差很大。传统的中国教育与西方现代的教育理念相仿，强调教育的目的首先是学会做人，然后才是知识的传授，这就是成语“纲举目张”的道理。而几十年来我所耳闻目睹的国内教育，已在很大程度上背离了教育的真谛，退化成仅仅灌输知识而忽视人性的培养，其结果是北大文学教授钱理群（1939—　）所观察到的“精致的利己主义者”现象，用他的原话就是：“我们的一些大学，包括北京大学，正在培养一些‘精致的利己主义者’，他们高智商，世俗，老道，善于表演，懂得配合，更善于利用体制达到自己的目的。这种人一旦掌握权力，比一般的贪官污吏危害更大。”

李天岩教授生于侵华日军向全亚洲人民缴械投降之年，幼年饱受社会动荡之苦，青少年则成长于从无到有重建家园的艰苦奋斗当中。一次他向我解释，作为一个做研究时惜时如金的拼命三郎，为何在儿子出生后却一反常态，每天下午从学术天堂办公室很早回家"陪儿子"。他给出的理由是：他小的时候因为兵荒马乱而缺乏安全感，所以要给儿子完全的安全感。

李天岩教授和母亲的深厚感情，可用下述"家书抵万金"的故事佐证。记得李教授有次突然问我多长时间和父母通一次信。多年中我一直很自豪坚持每月给父母写信，他们的回信主要是家母书写，父亲偶尔附言几句。我一般收到信后一周内必回信，再忙也雷打不动。但一听到李教授的下一句话"我每周写一封"，我马上甘拜下风。但是我还是有点不理解，因为美国与台湾之间的航空邮政不可能快到每周一次来回，没有收到回信就再写似乎不是通信人通常的做法。李教授看出了我的满腹狐疑，给出了与众不同但完全让我倾倒的理由："一星期写一封信反而好写多了，什么鸡毛蒜皮的事都可以写。若是半年才写一封，还真不知道写什么好。"信和日记一样，写得越是流水账越是令人读得神魂颠倒。这就是为何当季羡林的日记经他同意公开出版后，多少人看得废寝忘食，如痴如醉，对这位共和国第一批一级教授的青春萌动内心活动的自我描写尤感兴趣。我过去自认为二十多年中有一件事比绝大多数国内留学生做得更好，那就是每月写一封家信。我家人也曾说过每月他们收看我信时就像读《论语》那样认真地一个字一个字读。但是李教授却比我强多了，他几十年如一日每周向母亲大人汇报一次，直到他的母亲以87周岁的高龄去世为止，那种精神食粮的营养价值无法估算。我1996年曾在密歇根州立大学数学系会议室见到师奶，那次恰巧是在李教授荣获本系弗雷姆教学奖的庆祝现场。她的面容与年龄相比看上去滞后多年，我想或许是因为每周都能读到小儿子的海外飞鸿起到意想不到的保健按摩神效吧，尽管后来她的儿子给了我另一种解释：晚年的她无意中碰见一位热忱的传教士，接受了基督教的洗礼而全身心投入其中，导致健康长寿。

尽管李教授在他的众多弟子眼里以严苛著称，有时免不了独断专行，甚至不近人情，我在自己的日记里也记过几笔，但那只是他对待学问的态度，以及随之而来的对做学问还没有像他那样花百分之百力气的学生"恨铁不成钢"式的着急，尤其是对那些他寄予厚望的得意门生。在这方面他继承的依然是中国的传统教育方式。一百年前的中国教师，对学生有绝对的权威，许多也有很高的职业道德，把书教好是他们的天职。但在另一方面，"师道尊严"也是那时普遍存在的文化现象，绝对服从老师是学生们必须遵守的基本规则，戒尺也时刻提在私塾先生的手里。李天岩教授出身于书香门第，教育世家，他的灵魂深处始终留存着"一日为师，终身为父"的观念痕迹。对他认为没有什么前途的学生，他或许客客气气，因为他感到不值得为之太操心，顺其自然。按照他一贯幽默的说法就是，"只要通过资格考，系里就欠你一个博士学位"。所以李教授的在读博士生虽然个个怕他（包括个别一直声称不怕他的），却都对他口服心服，内心尊重，因为个个知道他是表里如一，外冷内热，真心关心他们，真正希望他们在事业上留下足迹。这也解释了为何他的弟子离开师门十年或几十年，都一直和他保持联系，而我们知道师生反目为仇的例子不在少数。

不过，对自己的学生即便是严厉的批评，李教授有时也来个幽默式的。我的几个师兄弟可能至今也不知道下述故事的前因。那是在1987年的春季学季,我因为英文还差,助教奖学金的工作被安排为替李教授和颜教授的各一门研究生课程批改习题作业。令我惊讶的是,我为颜教授干活的那门课也是我注册修的一门课,所以我“既当学生又当老师”,令我受宠若惊。理论上讲,我甚至都可以不做习题而只改别人的本子。我那几个比我迟去半年读书的师兄弟都同时修了我替李教授改本子的这门课。爱开玩笑的李教授一开始就在班上说,我是他作业的批改者,叫他们拍我马屁“得到好分数”。有次我改一道习题时发现班上几乎所有学生都没有做对,包括我的师兄弟们。我没想到他们居然都做错了,在我眼里这是不应该的错,因为他们的数学功底都不比我浅。还作业本子给李教授时,我汇报解释习题结果时告诉了他这个奇怪的现象。我没有旁听这门课,但我上一年同住一个公寓的室友修了它。过了几天他见到我,一块聊天时他告诉我一件趣闻。那天上课时,只见李教授一进教室就快步走向黑板,一句话不说,就用中文写下了四个大字“眼高手低”。台下的美国学生当然看得一头雾水,而他的那几个得意弟子一时也不知道到底说的是他们什么事,目瞪口呆。我听到这个故事后暗暗发笑,笑的是李教授独一无二的整学生方式。

但是反过来,对自己的老师,即便当时资历再浅,李教授都执弟子之礼,尊敬有加。陈邦彦教授和他一样,也是系里的著名学者,但两人风格和性情各异。前者看上去更像夫子,不摆架子,平易近人,相貌也很年轻,但他在学术问题上也和李教授一样要求极严,不是那么好对付的。我记得本系一位书念得很好的国内留学生,想请他担任自己的博士论文导师,只见陈教授客客气气地对他说，要做自己的学生，需要读多少本有多么厚的大书，云云，硬是拒人于千里之外。后来这位学生只好投在一位更有风度的洋人教授门下。陈李两教授都在台湾新竹清华大学数学系读过书，但前者是在其他学校本科毕业后考进清华读硕士学位的。所以当李天岩读到本科高年级时，陈邦彦已是那里的研究生，教过前者至少一门数学课。我在读博士的那几年发现，平时看上去非常高傲的李教授，对陈教授却相当尊敬。我数次在他的办公室看到他们亲密地交谈，而且李教授对陈教授的意见非常重视。我在拙作《亲历美国教育：三十年的体验与思考》中叙述了一则故事：当一名美国教授退回请他审核的我的博士论文初稿后，我在导师的办公室看到李教授将论文前言递给在场的陈教授一阅。后者和他一样并不认为我的英文写作像那位美国教授所指出的"几乎到处冠词用错"。于是，我就理直气壮地拿起李教授办公室的电话筒，一个电话打到学院院长那里，请他代替要大牌的教授担任我的答辩委员会成员，因为院长本人是论文所属动力系统领域内的一位著作等身的名教授。日理万机管理着十几个理科系的大院长在电话里马上答应，不仅担任我的答辩委员，而且细心帮助我修改论文。更进一步，我毕业后他在纽约大学柯朗数学科学研究所带出的博士由于他的介绍而和我开始了学术交往。

李教授外表冷峻，却不是冷血动物。恰恰相反，他是个非常重情义的热血男儿。我在1987年4月的日记里记载了一件难忘之事。那月18日是颜教授的53周岁生日。15日李教授找到我和颜教授的博士生韦东明，叫我们于后天的周五上午11点半，帮他带一大盒生日蛋糕到颜教授的课上给他一个surprise（惊喜）。在前一年的这个时候，李教授正在丘成桐教授处访问，特地打电话给颜教授祝寿。我留学美国前当颜教授50岁时，李教授因病开刀，颜教授对他帮忙不少。这两位华人教授，一个是南方人，一个是北方人，却比血浓于水的亲兄弟还要亲。两天后，我去了李教授办公室拿到蛋糕，带上我事先买好的生日小蜡烛，赶在颜教授跨进教室前等待他的光临。当他走进教室，迎接惊讶的他的是全班同学的"祝你生日快乐"歌。快乐之中，我甚至都忘记了谁是买蛋糕的人，居然未给策划人留下一块，结果蛋糕被一扫而光。第二周的周一上午我在系里一头撞见李教授，他马上责备我为何连一份蛋糕都未给他品尝，让我不知如何回答，十分窘迫。

十多年后，身材高大但性格温和的颜教授退休了，从冬季冰天雪地的密歇根小城搬到气候舒服的南方大城亚特兰大。又过了几年，李教授在一次电话中告诉我颜教授不幸得了帕金森综合征，之前不久他特地飞到老友的家去探望颜教授。我听了后也觉得太突然，因为那时的颜教授才70来岁。几个月后，我趁学校放假的机会，开车四百英里看望了对学生时代的我关怀备至、提携有加的这位学术导师。我能来到南方的大学教书，也有他一封强有力的推荐信的功劳。我在他家共同回忆了当年的一些往事，我与他及师母的珍贵合影一直和我与李教授的合照一起挂在我家客厅的墙上。如今他们先后驾鹤西去，在天堂一定相聚甚欢。

在几乎所有同事的眼里，李教授都是一名关心别人、言语风趣的学者。他去世后，有几位我读书时就很熟悉的教授，深情回忆了他。比他年老的分析学家韦伊（Clifford Weil）教授是他办公室的邻居，动情地说："TY是几十年来备受尊敬和亲切的同事。我们建立了热情友好的关系。我钦佩他既是朋友又是学者。"我在系里念书的那几年，虽然没有修过或旁听过韦伊博士的课，但听过别人提到他治学极端严谨，对学生高度负责，令我特别敬佩。他改研究生的实分析作业本子不仅改证明，而且改英文，教导学生怎样写出规范的数学语言。我旁听过课的图论教授萨甘(Bruce Sagan)写道："TY对年轻几岁的我总是非常体贴。当我们碰面时他会开玩笑地称我'大牌'。对我来自台湾的博士生他也表现出父亲般的关切。他将被怀念。"他的从事微分方程数值解教学研究的女同事兰姆教授在回忆了他惊人的记忆力后又加了一段："TY是一个慷慨的同事，他的风度和幽默感将被深切地怀念。我对他逝世的消息深感难过。"

在学问面前，我们怕李教授，但是除此以外我们绝不怕他，甚至喜欢与他近距离地接触交谈，因为他有独特的个性、幽默的语言、菩萨的内心、火热的心肠，这与他表面上的"面色冷峻"不太一致。生活中的李天岩教授，与他在办公室或教室里的偶尔行为几乎判若两人，从不盛气凌人。第一次在中山大学见面的时候，他就给我留下和蔼可亲谈吐不凡的印象。我是刚拿到硕士学位的小助教，他是已在美国成名的大教授，但我们那周两三次的私下交谈丝毫没有尊卑之分。我根本融化在像一见如故的知音感到相见恨晚的气氛中，完全摆脱了从前我与显赫人士第一次见面时忐忑不安的心理负担。这颠覆了我年轻时从进工厂到进大学后耳闻目睹的"社会常识"，那就是等级差别，上尊下卑，离孔夫子所说的"上智下愚"不太远了。

教学工作中的李教授，则处处体现出认真负责的职业情操。照理说他是系里的有名教授，薪水是最高之一，论文发表篇数及被引用次数也是最高之一，几十年中是系里唯一的古根海姆奖得主，也是全校仅有的在整个职业生涯中得到国家科学基金会持续资助的四人之一，但是他对待系里的教学安排付出全身心血，而不是以大牌教授自居，得意忘形，马虎教学。我有数次机会目睹他对教书的认真对待。一次我在他办公室和他讨论数学，差点忘记我下面的习题课答疑工作，一下子想起，赶紧要去教室。他连声向我致歉，因为怕已有学生在那里等待我的大驾。更有一次，因为要外出做报告，他请我替他监考一门研究生课考试。他仔细告诉我应该怎样怎样，收好卷子后放到安全地方，等他回来后亲手交给他，我如法做之。但当他回来上课结束后，马上来到我的办公室，说班上一位华人外系研究生的考卷没有发下去，但对方声称自己参加了考试并交了考卷。我觉得我当时收齐了所有的考卷，因为我办事一般比较周密，这是众所周知的。但是李教授却试图相信那个学生的说辞，只听他一个劲地自言自语：这怎么办呢？这怎么办呢？他完全处在自责之中。

李天岩教授去世后，他本系与之共事27年的华人同事周正芳教授在殡仪馆的悼念会上深情回忆了与这位前辈学者的亲密交往。其中的一段可以引用在此，中文是我翻译的：

李天岩教授“是个很少说话的人，在表达自己之前，他必须仔细考虑。如果你想知道他是高兴、发怒还是生气，先看一下他的面部表情，几秒钟后，他的解释来了。他绝对不能成为一名政治家。他不是一个很好的扑克玩家，因为诈骗不在他的基因之中。他对他的博士生的苛刻要求已成传奇故事，这使我们许多人想起了一百多年前中国的私塾先生手中的戒尺，如在电影中看到的那样。日后他的许多博士生感激并受益于他的严格训练和至高标准”。

这段话生动概括了李教授的个性特征：他是个表里如一的人，不说假话，爱憎分明，疾恶如仇。他喜欢坦坦荡荡推心置腹之人，鄙视为了蝇头小利而丧失人格之徒。他一辈子都将此作为行动的准则,也希望他的学生都像他这样行事,至少对他如此。因此,如果谁在他面前撒了谎,只要他发觉或者逻辑推导出,很难轻松过关,须知他是个记忆力和推理力极强的数学家。我曾帮助过在国内当过部长秘书的一名南大校友来美国留学。他曾对我坦言当年在官场不得不说假话的心理挣扎:对上司说了一次假话后必须准备好第二次的假话,以让上次的假话更像真话。按照数学归纳法,这个假话就要永远说下去才不会露出破绽。这样“活着”真是太累,所以他选择了离开,开始另一种生活。由于李教授瞧不起一切假话连篇人士,我们这些学生假如身体里还没有完全清理干净“逢场作戏”的少量基因,也通过他表里如一的身教言传,耳濡目染,趋于不说假话,并且对他极为尊崇。就我自己而言,几十年如一日,人前人后我都一直称他“李教授”,几乎没有直呼其名,已成习惯。自然,背后不尊称他“教授”并非对他不恭,但我们一直对他执弟子之礼。这说明了李教授在我们心目中的地位。

事实上,表面看来“威严十足令人生畏”的李教授在我眼里是个最好相处之人,只要你和他有类似的坦白襟怀,不喜说谎,言行一致。一般他不当面夸奖对方,尤其是关于个人品行。但有回他和我的一个亲戚神聊时,却谈起了我,对我的个人道德水准褒扬了一番。当我的亲戚事后向我转述时,我深感过奖。不过这或许就是我和他几十年保持亲密关系的一个因素。正因为我一直很喜欢他的个性和风格,我与他很谈得来,彼此交谈时没有任何心理包袱,甚至可以斗胆建言。他曾经有一位极其优秀的弟子,因为对待一篇文章没有和他取得一致的意见而引起他的不满。后来李教授在一次讨论班上没有见到那位弟子,没有问清原因,就更生气了,认为对方故意不来,不好好干活。当他和我单独谈到这事时,因为我是讨论班的“小班长”，我觉得我应自告奋勇担任师兄弟的“辩护律师”，便表达了我的真实看法，明确指出那位弟子主观非常努力，问题仅仅是两人对一项研究的观点相异罢了。我也告诉了李教授他未能参加讨论班是有正当理由的，并非故意冒犯。遗憾的是，那位极具才华的弟子最终选择了离开。这或许是李教授职业生涯和个人生活里的一件伤心事。虽然他从未表达，我始终认为他内心深处觉得自己当时“大动肝火”的确有点过分，连他最要好的朋友颜教授也劝他一句：“严格要求适可而止。”

我和他年龄相差十三岁，多年来和他一直保持着亦师亦友的关系。即便还在我向他求学的年代，他已把我视为知心的朋友，有时会向我吐露自己的内心世界。我也是这样，我心中的喜怒哀乐也会向他倾诉，他也尽可能地帮我分析原因结果，让我备受鼓舞。

李教授和他学生的亲密关系，在2005和2015这两个相差十年的特殊年份得到了充分展现。那分别是他60岁生日和70岁生日之际。十五年前，他的母校台湾新竹清华大学在位于校园内的理论研究中心召开了一次动力系统与数值分析国际研讨会，借以庆祝他的60华诞。这两个领域的一些著名人士从美国、日本、中国大陆等地飞到台北，他的许多华人弟子也第一次去了祖国宝岛，有的甚至自费参会。他的一位早期博士也西装革履地从伊朗赶到那里拜见恩师，那是我第一次见到这位二师兄。约克教授在研讨会上做了首场演讲。他将他的杰出弟子于三十年前的四大数学贡献与爱因斯坦于一百年前的四篇著名论文相提并论，因为那年正是爱因斯坦“奇迹年”的百年纪念。可惜，约克说了“混沌”“乌拉姆猜想”“同伦算法”三大贡献后，一下子想不起第四大贡献的名称。报告后的中场休息时间，他赶快把弟子拉到一旁请求答疑。2019年，当我为《知识分子》微信公众号撰写介绍李教授学术成就一文时，他才告诉我这个新闻“花絮”，原来第四大贡献就是他关于抽象空间微分方程初值问题的那项最早成果，而结论至今尚未有人改进。

那次的祖国宝岛之行，李教授的众多各代弟子难得地欢聚一堂，自然留下了和导师的快乐合照。有一张照片是按博士学位获得年份排序而坐而立的，不认识李教授的人可能会以为他就是坐在第一排中央的那位西装革履、气宇轩昂、派头十足的伊朗教授，原因是被祝寿的真正老板却穿着简单，看似“普通一兵”，一如往常平日。他的多数弟子不仅在研讨会上报告了他们的研究成果作为对导师最拿得出手的生日献礼，也趁此良机专门去他母亲府上拜见师奶。可惜我因被选上担任我校毕业典礼大典礼官而不得不提前返校，错过与众人在李府同乐的大好时光，也失去了去台北故宫

李天岩教授2005年在新竹清华大学庆祝他60华诞学术研讨会与弟子合照

博物院一睹国宝的绝佳机会。从后来看到的师兄弟们在师奶家的各种照片中，看得出李教授在母亲面前就像个乳臭未干的孩童一般活蹦乱跳，调皮捣蛋地尽扮鬼脸，真是一派母子情深的景象！

十年后的70周岁生日，来祝寿的弟子就更多了，他们有的全家人全部出动，李教授那几天也过得特别开心。这次我们选择就在他的系里庆祝，时间放在7月4日美国独立日的那个长周末。由于我和师爷约克教授凑巧在中途换乘飞机时相遇，同机抵达终点。我的导师亲自去机场接机，所以我们"三代同堂"，在机场合照了一张具有历史意义的照片。

2015年约克、李天岩、丁玖三代师生合照

李教授的弟子李奎元在他任教的大学是个细心周到非常能干的系主任，富有行政经验，事先和密歇根州立大学的西蒙校长沟通，于是在庆祝李教授生日学术研讨会的开幕式上，他的大弟子朱

天照教授作为主持人，宣读了校长热情洋溢的祝寿信。至今，除了告诉了我，李奎元可能没有让任何人知道这是他出的好主意。这一次，74岁的约克教授特地定制了一瓶标有“混沌”商标的葡萄酒。那两天，我们过得非常开心，看到导师身体无恙感到更加开心，一张张在不同场合和地点拍摄的“李天岩学术大家庭”合照把所有的开心都照了进去。那个周末的白天以及最后一晚在李教授家硕大无比的地下室举办的生日宴会，留下了许许多多令人回味的故事，有的被我写进了我和约克教授共同署名的一篇文章《约克教授谈教育》中。该文发表在2015年第4期的《数学文化》杂志上。

庆祝李天岩教授70寿辰合影

前排：蔡智雅（左三）、钟慧芸（左六）、约克（左七）、李天岩（左八）、张红（右二）

中排：陈丽平（左三）、周梁民（左四）、李奎元（右四）、黄良椒（右一）、

后排：丁玖（左一）、李弘九（左四）、曾钟刚（左五）、朱天照（右四）、王筱沈（右三）

李教授被弟子们的炽热情谊深深地感动了。他在一生中不大轻易动感情，这一次他动感情了。7月9日，他专门分别用中英文给我们集体写了一封感谢信，在这封信中留下一个大写的“缘”字。他的笔下再次证明，我们这些深爱他的学生和尊敬的导师的确有缘分。这封言简意赅的信，主体部分如下：

我常觉得人与人之间都只是一个“缘”字。这些年来我们相遇，我们分离，各自发展。在此一个难得的机会，大家从四面八方来此相聚，的确是极为不易，着实令我感动。

上了年纪以后，总是觉得学术上或事业上的成就实在是没啥重要，重要的其实是亲情、友情、爱情……我们是一个大家庭，令我一直难以忘怀的是，大家之间的友爱关系，以及大家对我的关爱。

MICHIGAN STATE UNIVERSITY

大家好，

多謝諸位播枕来此参加“workshop”以及生日宴会。

我常覺得人與人之間都只是一个“緣”字。这些年来我们相遇，我们分离，各自發展。在此一个難得的机会，大家從四面八方来此相聚的確是極為不易，着实令我感動。

上了年纪以後，總是覺得學術上或事業上的成就实在是沒啥重要，重要的其实是親情、友情、愛情……我们是一个大家庭，令我一直難以忘懷的是，大家之間的友愛関係，以及大家对我的関愛。

另外，我非常喜欢你们送我的生日礼物——I-phone。

敬祝

一切如意。

天岩敬上

7月9日

DEPARTMENT OF MATHEMATICS
Wells Hall
East Lansing, MI
48824-1027
FAX: 517/432-1562

李天岩教授2015年70生日活动后手写的感言

李教授说得对，我们弟子和他的确是“有缘千里来相会”，我尤其感觉如此。他去世后，一位对我和对他都相当了解的数学教授，读了我在《返朴》公众号上发表的悼念文章《难忘的35年师生情缘：怀念华裔传奇数学家李天岩教授》以后，在微信中这样对我说：“你在很多方面，学问的严谨，上课的风格，生活的简朴，对科技软件等‘花架子’的迟钝，甚至连长相都与李教授越来越接近了。如果他信上帝,你也一定信了。”这位也有幽默细胞的博士所言的前一部分大抵不差,但最后一句或许断言太早。我至今还是一个坚定的无神论者,比罗素(Bertrand Russel,1872—1970)还坚定,因为他在言辞上还留有余地地自称是一个“疑神论者”。即便李教授转化为有神论者,我大概也不会因是他关系亲密的弟子而跟随他转型。其实,他早就对我说他不相信大多数的信徒真信上帝。他自信有一种方法可以甄别谁是真信:在枪口下问“你信吗?”这时,视死如归者才是真正的信徒。我当时就联想到,我们周围形形色色的人许多言必称这个或者那个,可是表达的有多少是真实可信的内心世界?

我在密歇根州立大学的求学岁月,由于和李教授对许多问题有着几乎一致的看法,尤其是两人都喜欢真实的表达和切实的行动,不喜欢做作的举止和虚假的客气,更不屑于嘴上一套行动又一套,我和他的个人关系已经从普通师生关系进化成亦师亦友的关系。我们从那里从那时建立起来的深厚师生感情,几十年来不断地加强和巩固。我从他那里不仅学到了怎样追求学问,怎样讲解数学,也学到了怎样面对困难和挫折,甚至学到了怎样当个好丈夫和好父亲。我从他的嘴里和行动看到他作为一个人类分子、一个家庭成员的特质。

他是一个好父亲。周正芳博士这样描绘道:“他的儿子爱德华(Edward)是他最关心的人,绝对是他宇宙的中心。孝道被认为是中国必不可少的传统。他毫不犹豫地多次承认,他改变了中文‘孝子’一词原来的定义:‘孝子’就是‘孝顺儿子’,即致力于把一切都献给他的儿子。‘我的儿子是我的太阳’(My son is my SUN),他经常自豪地告诉他的朋友和同事。”这不仅是因为李教授亲身经历过从

李天岩教授怀抱刚出生的儿子

幼年到童年时代的不安全感,所以要一心一意地给儿子创造出“充满安全感”的环境,而且也是因为他内心真正藏有一个无私的大爱,希望下一代幸福成长。他在我家逗留时讲过许多他怎样“孝顺儿子”的感人往事。他的儿子读中学后,开始打网球,经常疾病不断的父亲即便正处于腿痛或背痛之时,可是一旦孩子需要有人陪练打网球,他二话不说就当陪练,从不向儿子流露出病痛的神态。儿子进入高中学会开车后,父亲给他买了开车上学的汽车,但直到儿子高中毕业离家读大学之前,汽车的汽油总是父亲不声不响地加得满满的。我当时听到这些故事时感到相当惊奇,甚至有点担心他的儿子会被宠坏。但是他儿子没有因此而走向不劳而获之路,而是成了一名电子工程学博士。

李教授不满足于自己当个好父亲,也影响着他周围的人怎样做家长,尤其是他教了我怎样演好父亲这个角色。我的女儿在我出国后第二个月出生，父女首度相会已是三年之后。第一次见到我女儿，李教授还能记起她的出生年月。在后来的岁月里，他一直关心着她的成长，嘱咐我决定任何事情前都要把女儿的安全感放在首位。十多年前，我的女儿刚考上一所好大学读研究生院，沿着美国国土的对角线从东南部飞到了西北部就读，与家长相距甚远，第一次获得真正的自由，一颗心也飞向广阔的天空，在第一学期像断了线的风筝似的几乎失去了联系，让我们颇为烦恼。我一贯看重李教授的意见，便向他求教如何解决这个问题。他以他惯有的幽默方式，马上口授我一条锦囊妙计：无论何时女儿有埋怨之语，你就对过去所做的一切"低头认罪"，切忌分辩或解释。我觉得言之有理，便依此照办，结果当然是避免了一场两代人的感情危机。到了第二学期，有次女儿问我一道测度论的难题，我写了很长的电子信细致为她讲解。她回信夸我比那门课的教授讲得还清楚。又过了一周，我突然收到一个包裹，里面装的是一只定制的茶杯，杯的四周是英文的一句话"我的爸爸是世界上最伟大的教师"（My dad is the world's greatest teacher），都没有用"之一"，可见夸张得多厉害。从那天起，新学期开始的第一节课，只要我带上这只杯子走进教室，大概就没有学生想退掉这门课了。

如果说李教授只孝顺自己的儿子，那也仅仅是基于血缘关系的家族之爱，这是一种小爱，而不是大爱，可他对弟子也满腔热情地爱护，正因为这种师生情深，他才对我们严加管教，毫不放松。最能体现这种情感的是在学生快要完成学业寻求工作之际。他对我准备校园面试报告倾注了许多心血。尽管西部那所风景秀丽之校数学系的正式位置被取消，因为聘用委员会无法决定是录用我还是录用一名没有英文问题的美国女图论学者，但同一个报告论题，让我获得了南密西西比大学的助理教授位置。到目前为止，我已在这所南方大学任教了三十年之久！那一年密歇根州立大学数学系里四名寻找教职的中国人当中，我是唯一的幸运儿，其他三位，包括两个早我一年在名校拿到纯粹数学博士学位者，都没能够如愿以偿地接到正式教鞭，之后都改做应用学科了。虽然我和他们后来都失去了联系，但我相信经过现代数学训练有素的他们，在工业界的研发生涯中定会所向披靡，成就斐然。

如同周正芳博士所言，李教授话语不多，但他常常悄悄地做好事。一个让我特别感动的例子，我到了离开师门前两周才知道。1990年8月初，我顺利地答辩了我的博士论文，计划于中旬开车率领全家去南方的大学履新，开始我在美国正式教书的生涯。出于本能的离别心情，我一有空就去李教授的办公室聊天话别。那天下午他告诉我的一桩往事发生在三年前的5月。为了资助我参加来美后的第一次学术会议，李教授给了我一张两百美元的支票负担我的来回交通费。当时虽然我知道这是他的个人支票，但我想当然地以为这个“差旅费”可以从他的研究基金中报销。到了快离开师门我才知道真情，我的差旅费实际上由他的“个人基金”报销了。我想还给他这笔钱，他自然没有接受。但是他真诚地告诉我，他对我们这几个同一年大学毕业的弟子一直寄予很大的希望，只要对我们的学术进步有益，他都尽一切努力给予帮助。

当我还没有拿到南方大学的正式位置之前，有次在他的办公室，我无意中看到他和南部私立名校莱斯大学计算与应用数学系的最优化名家丹尼斯（John E. Dennis，1939—　）教授之间的往来信件。丹尼斯教授当时出任了美国工业与应用数学学会第二年将正式出刊的新期刊《SIAM 最优化杂志》的主编，而我和李教授的第一篇合作论文将在它的创刊号上刊登。李教授热忱地向他推荐我去对方的系做博士后。当时我非常感动,因为我事先没有请他这么做,而他也没有告诉我他为此所做的努力。到了那年底及第二年初,我的那几个比我迟了半年入学的师兄弟们开始寻找大学的教书位置,但工作市场的前景更加严峻。他们已经吸取了我的教训,早就开始大练英文发音,讨论班的报告也改为用英文做了,一切都为了谋求正式的教职。李教授也吸取了教训,给他的几个弟子各自写的推荐信洋洋洒洒至少两张纸,因为校内校外的教授都这么干。还有传言说,一位世界级数学家对他每个弟子写的推荐信都有一句"他是我最好的学生之一",这明显与数学的原理相悖,除非大家都齐刷刷一样好。我的日记也记下一句传闻,说后来获得数学界终身成就奖之一阿贝尔奖的柯朗数学科学研究所大牌教授尼伦伯格(Louis Nirenberg,1925—2020),也为自己的学生找不到好工作而发愁呢。

李教授真的为他的弟子求职倾注了心血。1990年夏我南下工作后,从秋季到第二年的冬季甚至春季,他为门下的每一个求职者,从面试报告的材料组织到试讲效果层层把关,不敢大意。的确有个弟子大意了一次,虽然凭借出色的研究和闪光的推荐信得到一所老牌公立大学的校园面试机会,但他练习报告的次数在老板眼里还不够多,甚至把导师叫他来办公室再加工一次的催促也当成了耳边风,以一句"不要担心,要有自信心"的回应作为答复。太过自信的结果是输掉了这盘开局占优的好棋,殊为可惜,李教授也痛惜不已。其他还未接到校园面试电话的师兄弟从中吸取了新的教训,更加认真地做好一切准备,其中一个经过细心而过硬的准备很快面试成功,落实了一个地点优越的正式位置。

李教授为他的弟子的未来发展想尽了办法，使出浑身解数。和我同年奔他而来的几个师兄弟在我之后的一两年内都找到了通往终身聘用的正式助理教授位置。对暂时受到挫折的，他都尽量帮助找到过渡时期的位置，保持他们继续从事研究工作的激情，甚至以自己的利益为代价也在所不惜。他的努力没有白费力气，未来事业走向成功的弟子们也为他争了光。在前后三十几年中，他一批又一批的学生从念书做研究到找工作，都得到他悉心的指导和帮助，也都顺利地毕业，捧到正式的好饭碗。所以，他一生中所指导的26个博士研究生，都有和老师难忘的故事。尽管他们中的每一个可能都有被他严厉批评的难忘经历，或者被他挂过黑板，但是一想起他或者一聊起他，心头都会涌起一腔感激的热血。我有次回到母校，被导师邀请参加他的讨论班，亲眼目睹他的一个弟子在黑板旁因证明定理前没有引进基本思想而被他批评半晌，印象深刻。但是这位毕业论文写得很好的学生一直记着他的恩情，好几次专程回到那里看望老师。尤其是在李教授病逝前的最后一周，他不顾弥漫全美国的新冠病毒威胁，再次从西海岸飞往中西部，探视并参与精心照料老师，在医院给他喂饭，让处于生命最后阶段的李教授带着温暖的感觉离开这个世界。这就是心存感恩的学生对老师最后的致敬。

我们虽然尊重每一位从小学一年级到大学毕业甚至博士论文答辩前教过我们的老师，可是如果运气不好的话，碰到的教书先生在我们的心头既没有激起千重浪，也没有唤起万古情，只不过是充当了传输知识的一个搬运工。如果李天岩教授除了对待学生高标准严要求外个性风格所剩无几，即便他再体贴学生的衣食住行，再关心他们的毕业就业，他顶多称得上是个兢兢业业的好老师，好得可以让学生在中国大陆或台湾的“教师节”日寄上一句节日问候，大概也就仅此而已罢了。然而，李教授能让他的弟子们乐意和他交往一辈子的一大笔本钱是除了他的学识外，他与众不同的独特风格和幽默细胞。他是一个当了他的学生以后会终生记住他的人，因为他是一个有趣的人，同时也是一个有道德有品位的知识分子。他的才情，他的风趣，给每一个认识他的人，无论是学生、同事还是朋友甚至小朋友，都留下了许多值得回味的故事。

李教授的幽默故事多如牛毛。在我们从小就有的印象里，一个有学问的人脸上经常看上去不苟言笑，说话听起来一板一眼。这出现在做学问上应受赞扬，但在生活中就会失去情调。其实世界上尤其是欧美的杰出学者，许多人都留下了永恒的逗笑形象，比如爱因斯坦伸出来的滑稽舌头，费曼撬保险箱时的夸张表情，以及匈牙利的“数字情种”埃尔德什(Paul Erdös, 1913—1996)对小孩子的“ε”戏称，都是我们熟知的名人趣闻。不知是否因为孔孟之道学得太多，中国老一代的学人有谦谦君子风度，但书生气味太浓。而目前年富力强的新生一代，可能因传统人文修养根底太浅之缘故，又易显得骄奢狂妄，不可一世，走向另一个极端。李教授的身上，既保持了中国传统文人的知性和气节，又呈现出西方文化中的幽默特色。尽管学问一流，但他根本不是那种毫无生气枯燥无味的一介书生。近朱者赤近墨者黑，我相信他从他的导师约克那里传染了不少。当我和约克教授于 2015 年 7 月初在途中的孟菲斯机场巧遇并一起飞到兰辛机场时，我目睹了李教授的博士导师一见到前来接机的弟子马上一个欧洲骑士式弯大腰行大礼的搞笑镜头。很难想象，当一个中国学生去机场接他的博士老板时，后者会以这样风趣的方式表示喜悦和感谢。

上世纪80年代末的那几年，我和李教授的其他弟子们不仅领教了他在讨论班上对我们训话时的冷峻面孔和严苛词句，更多的时候是置身于他嘴里吐出的令人捧腹大笑的语境之中。1986年的感恩节，我们几个新老学生应邀去他家节日聚餐。开饭之前，只看见李教授正襟危坐，煞有介事地喊了一声我在中学时常跟着呼喊的一句祝寿语，把新来乍到的弟子的羞涩表情一扫而光。他和埃尔德什都是传奇式人物，也是个语言风趣之人。比如埃氏把别人的太太尊称为"老板"，李教授却一概用"黄脸婆"称之，而不管对方的太太岁数是大是小，长相是美是丑，皮肤是白是黄。几十年来当他问到我的熟人朋友同学时，都用"你的亲密战友"借代，让我立刻想到上世纪60年代"亲密战友"这四个字在中国风行一时的历史。记得三十多年前，我们师生几人在一起聊天时，李教授一高兴起来，就会问我们"什么是三面红旗？"或"排在臭老九之前的是哪八种人？"之类的问题，有时真的能把我们这些五六十年代出生的人问住了。这么多年过去了，谁还记得这些历史陈迹？于是他就哈哈大笑起来，因为这个关心祖国大事的台湾居民却记得清清楚楚。我记忆犹新的另一个例子是，我毕业几年后有次路过密歇根州去拜访李教授，在他家门口亲眼目睹的一幕。那天是圣诞节前夕，他的几个弟子帮他在房前草坪中的大圣诞树上挂彩灯。当他发现在左右轴对称的树上，球状小彩灯的分布呈现出左多右少时，马上一句诙谐之语从他的嘴巴一跳而出："左倾！"这回，轮到我和他的新一届学生们哈哈大笑起来。

读到这里，对李教授的一生了解不多的人很可能会按照正常逻辑思维，以为这位幽默风趣的乐观学者，一生所走的路肯定是春风得意，事事顺心，身体应该和他的大脑一样健壮如牛。这完全错了,其实李教授与严重的疾病斗争了他大半个人生,直到生命的最后一息,这是令人不敢相信的事实。伴随终身的病痛折磨和他不屈不挠的战斗精神,使得他完全有资格被称为数学家中的钢铁巨人。

△ 第九章

钢 铁 意 志

任何人与李天岩教授聊上几句,就会被他的个人品位和诙谐言语所吸引,也自然而然会想当然地认为他的身体和他的大脑一样健康。然而,令人难以置信的是,李天岩教授一生的学术成就,是在几十年如一日的与疾病作斗争的"相反相成"中获得的。在他一生75年的生命历程中,病魔与他同行了多于三分之二的时间,那是整整半个世纪的光景啊! 这五十年是他在与身体上几乎无时无刻不受到的病痛作顽强搏斗中度过的。

当我在广州第一次见到他时,我根本不会相信眼前这位身材魁梧看似虎背熊腰的40岁男子汉,竟然在之前的一年脑子开过大刀,更在五年前首次换肾却以失败告终,乃至一年半后再次换肾。这只移植成功的来自亲人的肾脏让他从36岁一直活到75岁。中国有过一个著名的作家史铁生(1951—2010),被认为"一生都在死亡边缘行走",他的病痛经历与散文作品感动了全中国的读者。我曾在科普书《智者的困惑:混沌分形漫谈》中如此对照他和我的导师:"可以说,全身动过十多次大手术的李天岩是美国的'史铁生',

而双腿瘫痪、洗肾几十年、作品震撼人心的小说家和散文家史铁生是中国的‘李天岩’。他们俩都是‘天岩铁生’的，真正是生活的挑战者、事业的攀登者、不屈不挠精神的实践者。”其中的短语“天岩铁生”是香港城市大学的陈关荣教授帮我创造出的。我希望这个短语今后能成为一个成语，描写在逆境中具有钢铁意志的人。

李天岩教授遭受的疾病打击起始于肾功能的逐步衰减，而此病症最早可能追溯到他少年时代生的一场病。他在台湾新竹清华大学读本科时，绰号叫作“棍子”，除了学业成绩名列前茅外，在体育运动上同样也是一流的，曾任篮球校队队长和足球校队队员。1968年他大学毕业后按规定服兵役一年，其间却因患上慢性肾炎住进了军队医院，在那里首遇刚毕业去医院工作的他未来的太太。在回答我的电邮问题时，她回忆道：“我认为李教授的人生近四分之三在和疾病奋战中度过。李教授与我是于1969年4月在台湾三军总医院内科病房相遇，我是刚毕业的护士，他是病人，当时他的诊断为慢性肾炎。慢性肾炎通常是先发生急性肾炎，没有根治，然后转为慢性肾炎。他以前提到过少年期生过病，但不知道是否就是急性肾炎，我的看法是他的生命多于三分之二是在和疾病奋战中度过的。”这应该是关于李天岩教授大半生害病最早起源的权威说法。

肾炎转成慢性，可能根治较难，因为容易“一触即发”。1969年李天岩结束兵役义务后，考取美国马里兰大学数学系攻读博士学位。但是第二年开始，由于异常用功，正如他的博士论文导师约克教授在2020年6月25日的追思会上告诉我们的，他的肾脏逐步变坏，但他没有放慢他用功的脚步，以至于到了获得博士学位的1974年，他写了差不多十来篇数学文章。然而，毕业刚刚两个星期，他的血压竟然升到220/160毫米汞柱。

1976年5月，离他正式加盟密歇根州立大学数学系还有几个月，由于自己的肾脏只剩下大概百分之十的功能，李教授开始了长达五年半的辛苦洗肾过程，每周三次去医院做血液透析，每次花费五个小时，还不包括去医院的往返时间。这种高强度费时费事的医疗过程，一般人的精神很容易被击垮，甚至从此一蹶不振。但是李教授是个不甘言败的铮铮铁汉，一有空就继续研究学问。那段时间他的研究工作大半是在病榻上完成的。与他积极向上的精神相反，当时密歇根州立大学统计系聘用了一位印度籍助理教授，但他却因肾病而沉沦，最终导致解聘。约克教授也告诉我们，那时得了这种病的助理教授基本上是不能获得永久聘用而长期留下的。然而，约克的这位弟子是个例外。李天岩不仅被校方留了下来，而且只过了三年就晋升为副教授，并获得终身聘用的资格，四年后又提前晋级为正教授，这比本校本系身体无病的绝大多数人的职称升迁都快了许多。

在此期间，李教授除了正常的在校教书和做研究外，还要离家外出甚至出州几天参加学术会议。我不知道他在那几年有没有出国开过会，但是他曾经告诉过我，有一次因为外出学术交流没能及时赶回来，回到家时由于耽误了洗肾的日期，头肿得吓人，“像篮球那么大”。我特地查了他的个人履历表，上面记载着在1978—1979这个学年他暂时离开密歇根州立大学，接受邀请去了国家科学基金会资助的威斯康辛大学数学研究中心担任访问副教授。全家人，包括他还处于幼儿阶段的唯一儿子，搬到了威斯康辛大学所在地、本州首府城市麦迪逊。于是在那一学年他的血液透析就移到那里每周进行三次。孩子的母亲记得很清楚，她带着才三岁多的稚子陪他的父亲洗肾，尚不懂事的孩子觉得好玩，要去拔洗肾的管子，以后母亲就不敢再带儿子去医院陪李教授洗肾了。

可惜，周期性的血液透析只是一种被动式的治疗途径，不能解决根本问题。于是，带着满心的希望，1980年元月李教授去了欧洲，当月29日首次接受换肾手术。然而由于植入的是动物肾脏，导致了排斥反应，影响人体的正常功能，此次尝试不久以失败而告终。

正应了陆游名句“山重水复疑无路，柳暗花明又一村”，1981年6月15日，李教授的一对双胞胎妹妹中年轻的那个从台湾飞到密歇根哥哥家，因为她的肾与兄长的肾匹配成功。这对姐妹名字各叫李梅芬和李梅芳，她们的仁爱就像梅花那样散发出芬芳之香。十天后，也就是在对兄长而言具有历史性意义的7月15日，手足情深的二妹李梅芳将自己的一只健康肾脏成功地捐赠给三哥李天岩。这是一首情深意长的生命赞歌，也是一曲血浓于水的动人旋律。那时距离李教授带出的第一位博士生毕业还有一年，距离他被提升为正教授还剩两年。这只英雄的肾无论是对家族而言还是对世界而言，贡献巨大。它不仅仅让李天岩教授多活了整整39年，也为学术界和工业界贡献了26名数学博士。

妹妹无私贡献的肾让李教授的生活质量大为改观。在这之后的三年内，他的身体逐渐适应，康复不少。他的首位弟子也因此而直接得益，于1982年顺利完成博士论文答辩，不仅斩获了一大堆校园面试机会，而且还拿回一批学校的助理教授位置，其中有通往永久性聘用的，也有临时性但可以考虑永久聘用的。后来李教授告诉我，也来自台湾的朱天照博士志向远大，自信满满，居然将那些正式教职的录用信“弃之如敝屣”，只挑了那个在他眼里学术气氛最浓最合自己口味的研究型大学，尽管只是一个临时性的位置。朱博士是受李教授拼搏精神熏陶的第一人。在任教大学，他勤奋工作，每天用功到半夜一两点才上床休息。按照李教授对他的评价，他一生只对两件事最下功夫：数学与宗教。当然，后来我发现朱教授还有第三件最钟情的事。这"三大热爱"可以和罗素自传前言中自称的"三大激情"相媲美，能从他放在所属数学系个人网页上的座右铭中读到："教书是我的所爱，研究是我的嗜好，布道是我的使命"（Teaching is my love, Research is my hobby, and Preaching is my calling）。功夫不负有心人，我的大师兄不仅很快就"转正"了，而且成为正教授比他的导师还快——从博士毕业算起仅仅花了六年的时间。

然而好景不长，另一个病魔突然出现，向李教授发起了进攻。1984年2月21日，中风降临到李教授身上，导致他的右半身全部麻痹。检查结果是脑部长瘤。医生于4月26日做了脑血管动脉瘤的大手术。对于当时的情景，李教授这样对我描述过："开刀前医生说有三分之一的可能我下不了手术台。"但是，上天有眼，把生存的可能性变为现实。事实上在被诊断得病前，李教授已经安排好那年夏季访问祖国大陆的全盘计划，一场大手术只好将此延期到第二年。但是，从另一个角度来看，如果他没有害这场大病（当然我也希望如此），1984年他的首访祖国之旅，将发生在中国允许毕业硕士研究生"自费公派"出国留学的新政策颁布之前，不知那个时候我有没有可能去中山大学聆听他的讲座，如若不能，或许我的人生轨迹就是另外一条道路。这基本上也符合我的女儿设计我的科普书《智者的困惑：混沌分形漫谈》封面后在内封底留下的一段"设计感言"的哲理性："确实，人生有无穷多的轨道可循，现实中却只有一条可经历，而这条道路与未能实现的那条之起点可能只有一无穷小步之遥。”或许这句引言里的“现实道路”与未能实现的“理想道路”之比较带点悲观主义的色彩，但对于我而言恰恰相反：李教授1984年的手术可能是改变我人生轨迹的一个重大因素。

值得我及和我同年赴美的师兄弟们庆幸的是，大脑受过伤的李教授，智力和创造力没有被手术刀刺伤，或更准确地说，有点碰伤，但未到“伤筋动骨”的程度。我一生敬佩的数学思想家乌拉姆在37岁时大脑突然不听使唤，后来他在其充满智慧妙趣横生的自传《一个数学家的经历》中称“它是我一生中最具毁灭性的打击”，使他经历了有生以来最剧烈的疼痛，也令他突然想起柏拉图（Plato，427—347BC）描绘过的苏格拉底（Socrates，469—399BC）的临死状况：狱中的他被迫服了有毒的人参，狱卒搀扶他行走，告知他当麻木的感觉从脚升到头时，他的末日就会降临。在脑部开刀前，乌拉姆认为自己“存活下来的机会小于一半”。手术后他的终生好友埃尔德什赶紧陪他下棋，确认他脑子依然好使才放下心来。五年后，乌拉姆的两个伟大想法导致氢弹研制成功，以至于绝大多数科学家将“氢弹之父”的桂冠戴在了他的头上，而不像不知内情的普通百姓那样将它错戴到鼓吹研制氢弹的最积极分子特勒（Edward Teller，1908—2003）的头顶。

80年代末的那几年，身体状况相对稳定的李教授和我们一起苦干。1987年5月16日，我在他的全力支持和路费资助下，去了得克萨斯州休斯敦参加工业与应用数学学会主办的最优化大会。我在五天前的5月11日晚写了一篇较长的日记，因为当天下午应李教授之约去他的办公室，原只要交谈五分钟，但一下子交谈了一个半小时。那天前夜我咳嗽厉害没有睡好，早晨的课也没能去听，所以我是带着手帕去见他的。他讲话的要点及我内心的感受，被我永久性地记载了下来：

> 我被他人格和精神感染了。他十分坚强，全身麻醉7—8次，局部麻醉20—30次，曾去英国、德国开刀。后来中风，半身麻痹。脑部长瘤开刀时，麻醉后吸三口气就失去知觉了，当时有30%的死亡可能。他刚毕业两周，血压上升到220/160。但他现在依然早上3时起床看数学书，真了不起。我说Rhee（丁注：指韩国人师兄李弘九）、张红说他现不做chaos（混沌）研究，他大笑，拿出一篇论文，关于chaos的，84年写的。他这方面的内容没人懂，他不讲。……李对自己刻苦，对别人很关心。他给了我作业批改，但叫我今天回家休息，我深为感动。他嘱我此行去得州多吸收，对我寄予希望。

是的，直到他第二年夏从日本归来前，他从来没有和我们交流过"混沌"，但是一旦修完他一学年的遍历理论课，我们弟子不仅懂得了什么是确定性意义下的混沌，而且也理解了混沌在概率的意义下又具有什么性质。至于我，"从统计的观点研究混沌"成了我终生思考的主要问题。

在1984年到1992年前后的这七八年间，虽然李教授的身体还算平静，没有全身麻醉大手术之类的麻烦事，但全身或局部麻醉的小手术却仍然不断。我的日记本上曾经记载了一次他的拔牙手术，是全身麻醉，但是第二天他还是来了办公室。在这与疾病的相对和平或"冷战"的时期，他抓紧时机，与他的弟子们在此数年内发展了用同伦延拓方法求解代数特征值问题和多变量多项式方程组的重要理论及方法，并严格训练了从李弘九、张红到我们这一批他在国内直接招来的博士研究生。在他的同伦延拓思想引导下，矩阵特征值计算问题的第一个实用的同伦算法由李弘九开发出，紧接着张红接过棒来继续研究，两人都成绩斐然。然后李奎元、曾钟刚、黄良椒等分别对三对角实对称矩阵、海森伯矩阵、大型稀疏矩阵特征值问题的同伦算法进行了细致深入的探索，获得一系列成果，都和导师写出了关于矩阵特征问题同伦算法有分量的文章。而李教授的另一个弟子——读书研究做学问的“拼命三郎”王筱沈，几年中与他暗暗比赛谁更用功，每日骑自行车公寓学校两点一线，风雨无阻，冰雪让路，集中火力与导师一同奋战在求解多项式零点同伦算法的新疆域，硕果累累。我则再一次像在南大读硕士学位时那样，挑选了一个与初衷风马牛不相及的论题做了博士论文。李天岩教授和何旭初先生一样都放手让我天马行空自由选题，使得我于读硕士、博士阶段都全身沐浴在“独立之精神、自由之思想”之中。

在此期间，李教授除了几乎每年回故乡台湾进行重要的系列演讲，更于我出国前的1985年6月至7月首度访问了祖国大陆十来所大学与中国科学院理论物理研究所等学术机构，并做了一系列关于混沌动力系统、现代同伦算法的专题演讲。这也是他自主挑选并接受大陆研究生的开始。第一次的大陆之旅就让他“收获”了五六位求知欲旺盛的博士生。从此以后，他一直不遗余力地忙碌着将数学根植于国内及提携后进，只要身体许可，几乎每年夏季都去大陆做学术访问或系列讲演，包括应陈省身教授或丘成桐教授邀请给暑期数学研究生班开课。

相对稳定的身体状况，也让李教授顺利完成了1987—1988学年在日本度过的学术假。他后来告诉我，日本京都大学数理解析研究所每年有十名“讲座教授”名额，其中九名在本国数学家中挑选，一个名额留给外国学者竞争，那年的国外名额授予了他。李教授不无得意地对我说：“给我开的薪水是日本正教授的一倍半。”在那里，他给京都大学数学系做了一学期的演讲，专讲他70到80年代在遍历理论领域写出的一系列论文。这个演讲讲义成了他回美后于1988—1989学年给我们开课的基础。张益唐在普渡大学读书时的博士论文导师莫宗坚教授应台湾一学术基金会所托，请李教授写出对应的中文著作，所以他让我帮助他写出了初稿，结果把我送进了一个新领域。后来因为普林斯顿大学出版社希望他出一本英文版，他在我毕业后又委托我帮他将中文书稿译成英文。这些我都照办了，但可惜的是他的研究总是停不下来，这两本初稿最终也没有时间整理成书出版。

1990年8月中旬我毕业离校，南下教书。之后的一年半，李教授身体还是不错的，我和他也常常电话或信件交流，包括学术上的交流。那两年我们的几篇合作论文或已刊出，或已被接受发表。然而从1992年起，他就开始感到腿痛，看遍了无数的中医西医，也找了当地的华人医生或访问那里的国内医学专家，就是没有办法找出病因。1993年1月25日，李天岩教授在数学系给本科生讲课时，身体突然感到不适而昏倒在地，经医生诊断后方知这次的病因是脑动脉血管阻塞。这是他之后近三十年间不断困扰他的许多次动脉血管堵塞的第一次正式发作。其后，他以极其坚韧的毅力与无比的信念战胜了疾病。至于腿疼的症状，在三到四年内也没有查出真正的原因。于是他就试图通过加长走路和游泳的时间想让其减轻，但依然无济于事。他着急，我们几个与他平时联系比较密切的弟子也为他着急。有一次我在《人民日报(海外版)》上看到一个小专栏，名叫“冯大夫信箱”，专门回答疑难杂病，就剪下一页1993年11月20日的报纸给他寄去。我在信中写道：“我经常在我校图书馆看中国驻休斯敦总领事馆寄来的中文报刊杂志。《人民日报(海外版)》常登有关保健卫生的知识。您可让周围的中国学生帮您剪贴。寄上一份一阅。”不久后我给报社去了信，描绘了李教授的病情，冀望得到灵丹妙药。过了一段时候，“冯大夫”果然在海外版上回了我一信，并提供了一剂中药药方。

最终还是西医有办法。医生后来通过不断检查，找到了病根，原来持续不断的腿疼是由背脊椎骨关节炎所引起，于是在1995年5月30日动了一次大手术，将发炎的部位割掉。在这之后的五六年间，李教授的身体状况又一次基本平静。那几年他做学问和培养学生的劲头依然很大，其投入产出又一次趋向极大值。90年代到上个世纪末的最后六年，除了1997年，他每年输出两个博士，这样从1995年到2000年就有十个博士学位在他指导下被授予。他在人生的最后二十年全身心地投入到他后半生的最爱：求解多项式方程组。他一直分别与毕业后坚持学术探索的弟子王筱沈教授和曾钟刚教授合作研究，继续深入探讨求解多项式方程组、计算代数特征值以及处理多重零点这些具有重要实际意义的问题。在以乌拉姆1960年提出的方法及李教授1976年对乌拉姆猜想的第一个证明为起始点的计算遍历理论领域，我和他则合作到2002年我们最后一篇论文的发表。

1995年后，李教授年过半百，久病的身体加上过度的用功加速了他生命走向衰老的进程，面容看上去比实际年龄要大，不像比他大四岁的导师那样红光满面，也不及长他两岁的师兄那样神采奕奕。在后来的25年间，我每次见到他，内心都感叹他衰老的速度有点快，也发现他的体形似乎一次比一次瘦小。但是他既是不甘心在逆境中退却的好汉，也是与时间赛跑的健将。他一茬一茬的弟子和他一起奋战在求解多项式方程组的研究最前沿，不仅丰富了他取得的学术成果，也提高了他自己的生活乐趣。一个例子就是，在学习研究之余，逢年过节之际，他的弟子们以及本系的其他中国学生甚至来自祖国的访问学者都喜欢去他家的大地下室办派对，和他一道侃大山聊新闻，听他回忆风趣幽默的"故事新编"，从中获取读书做学问的第一手教益。当然一旦进了讨论班的教室，他的学生们又止不住纷纷紧张起来，尤其是安排在当日做论文报告的那一位，担心自己再一次被他挂了黑板。他就是这样不知疲倦地严格训练他的一代代学生。

可是进入本世纪第一年，他身体上的老问题再一次回潮。2000年5月2日，李教授又做了一次背脊椎骨手术。之后的他，虽然腿痛不时带来困扰，但由于他勤于运动，每天走路两英里，同时每天也与本系一位年龄相仿的同事和"亲密战友"去游泳馆畅游一公里，到了2003年痛感逐渐减轻，体质也渐有起色。就在那一年，中国数学会主持的丛书《中国现代数学家传》编委会成员、中科院系统科学研究所研究员成平(1932—2005)代表编委会与他联系，计划在第六卷中放进关于他的学术传记。丛书编辑者提供两种撰写方式供当事人选择。一是自己亲笔动手写自传，但从已经问世的前五卷来看，在世老先生数学家们自己动手写的比较罕见，我似乎只读到一篇北师大著名代数学家王世强(1927—2018)先生的自传，写得很有特色。另一就是编辑部或传主请人代笔，但要以第三人称叙述，就像报刊记者撰写的"新闻通讯"。李教授埋首研究，无暇自己写自己，那天打了电话给我，"请示"我能否写一篇他的"数学历程”。他或许认为他的其他弟子主要在计算数学的领域耕耘，且绝大多数都集中在同伦算法的前沿阵地，那仅仅与他几大学术成就中的一项有关联，而我虽然也从事计算数学的研究，但属于动力系统与数值分析的共同地盘，与他早期的两项杰出工作密切相关，所以他想到了让我写他。我深感荣幸，很快写好初稿，寄给他润色修改。他对材料组织和文章结构都颇感满意，我也得意地将文章挂在了我刚建立不久的简单个人网页上。所以，那一年为我五年后启动科普和教育写作的开关埋下了伏笔。

可惜，由于成平先生的不幸病逝，《中国现代数学家传》丛书第六卷的定稿与出版从此杳如黄鹤，至今未有音讯，这是中国数学界的一项未竟事业。不过，我挂在网上的那篇传记倒是有人读了，也有来自中国名校的有心人看到后毫不客气地抄了其中的两大段，放进他们的一本出版后马上大卖、短时间内印刷了几次并获直辖市图书一等奖的大众科普读物里，既没有指出抄自何处，更没有提到我的名字。这本可能多处抄袭的科普作品，一篇参考文献也没有列出，这在当下的中国图书出版业是屡见不鲜的。

就在我为《中国现代数学家传》丛书写作“李天岩学术传记”之时的2003年6月，李教授再一次遭遇病魔的袭击。6月24日，医生对他心脏动脉血管的阻塞进行了及时的治疗与处理，运用刚刚问世不久的最新医疗技术为他的动脉血管安装了八个支架。这时候的李教授和其他心血管病人一样，被飞速发展的现代医疗技术眷顾，他自己也感到特别幸运。

我查了一点医学史得知，2001年，将动脉血管支架植入六个月后的血管再狭窄率降到零的一项里程碑成就首先在欧洲圆满实现。这个功德无量的医学创举就是基于药物洗脱支架的微创医学

"冠状动脉介入术",两年后为李教授带来了新的人生光明。当他的动脉血管重新堵塞时,他成了这项新疗法的直接受益者。他再次摆脱了困境,提高了生活质量,延长了生命历程。

后来的一些年,李教授勤于运动,保养身体,每天坚持游泳一公里或步行二英里,身体状况比以前明显好转许多。但由于他全身是病,遍体是伤,一不小心,伤病便会"卷土重来"。那几年,由于国内著名大学和科研院所加强了与海外杰出华人学者的学术交流,他也常被邀请回大陆访问,参加学术会议,讲解他最新的研究成果。国内许多大学同仁希望能请到他去做讲演,因为许多人不仅对他"久闻大名",而且知道或听说过他的公众报告十分精彩。我自己就收到过数学界朋友的几次询问,希望我能转告他们对李教授的讲学邀请。他除非不接受邀请,一旦接受,就以负责任的态度对待,就像他在美国教书一贯认真那样。2010年6月他在杭州开会期间,晚间在西湖边意外跌倒,血流如注,在急诊室缝了八针。几天后他绷带在身,仍然依约去了东北大学讲学。另一方面,90年代他就告诉过我,某个他访问过的南方名校数学系教授希望他再度造访,但被他委婉拒绝了,因为他发现那里的研究团队并没有如他曾经希望的那样做持续深入的研究,认为去那里访问大概是徒费精力。但是当香港浸会大学的汤涛教授于2011年秋特地邀请他做一系列学术演讲,拟将讲课视频放在网上作为公共资源让校内外广大的学生学者受益时,他欣然接受,不辞劳苦地完成了这桩苦差事,因为他觉得汤教授为提高年轻大学生研究生的数学品味而"真正在做事"。那年的春季学期我利用学术假访问了该校的数学系,当汤教授问我李教授"课讲得怎样"时,我告诉他"很少有人超过他"而大力推荐。

李教授在我们讨论班上的一句名言时常被我记起,那就是"如果你遇到任何困难,只要想到我的境遇,就不会觉得有什么困难了"。榜样的力量是无穷的。相比之下,我的生命历程还算相当顺利,身体状况也比较令我满意,50岁前的身体没有被医生的手术刀光顾过,所以无形中我滋生出对去医院体检的惰性和对看病开刀的恐惧。2007年上半年,我的左眼突然出现了飞蚊症的症状,表面上我听信了一位似乎百科全书式的美国同事对此所做的"这是我们逐渐变老的派生现象"的乐观主义判断,实际上是我怕去医院接受医生检查,而错失避免视网膜脱落的关键机会。到了年底的12月上旬,我才从自我检查中突然发现左眼的视野竟有一半变黑,赶紧去了医院。当天下午,眼科医生发现我左眼的视网膜已经脱落了50%,并且到了严重关头,必须马上动手术注入硅油重新贴回眼眶后壁。这是我生命中的第一次手术治疗。开刀前我非常紧张,因为这是在我的近五十年人生中,医生第一次对我身体的重要部位动刀。当我被推进手术房后,我突然想到了李教授。他的那句二十年前在讨论班上提醒过我们多次的忠告,又一次在我的耳畔响起:"如果你们在做研究的时候碰到什么困难,只要想到我动过那么多的全身麻醉大手术,你们就不会觉得有任何困难了。"时下我的困难虽然不属于研究的范畴,但是如果解决得不好的话,会严重地影响我未来的学术研究,因为我既没有像欧拉那样的数学天才,更不想也像他那样晚年失明。一想到自己导师的身体经历过如此多的"枪林弹雨"却毫无惧色,我马上就平静了下来,配合我的眼科医生成功完成了手术。虽然手术室外的屏幕上展示的是血淋淋的局部区域,但身为业余美声歌手的西梅尼茨(Jaime Jimenez)医师让病人的紧张神经得以放松的美妙歌声以及他那精湛的医术,将我之前的恐惧一扫而光,甚至都不想下手术台了。那天下午的亲身体验使我深刻认识到,精神的力量不仅是意义无穷的,也是卓有成效的,所以五十年前曾在神州大地风靡一时的"精神原子弹"一说还是很有道理的。李教授为了献身数学,可以面对刀山火海般的人间困苦,而他的卓越精神对我的影响力,则帮助我战胜了不期而至的人生挫折。

几十年间,李天岩教授经历了差不多二十次大手术,小手术则不计其数,全身从头到脚都是开刀的伤疤,实在是令人惊叹。2010年深秋,我们同一批的师兄弟数人继五年半前在新竹清华大学与导师相聚一堂后再次与他聚会,地点选在美国东南部阳光州佛罗里达最美丽的一座海滨城市。除了个别有其他安排而无法脱身或单身生活的,所有师兄弟的太太们也来助兴,大大增加了节日般的气氛。白天我们大家走在白沙一片的海边浴场,尽情交流,频频合照,留下了各自灿烂的笑容和饱满的精神。我和李教授在沙滩上合照了一张和大海比比胸襟的美好相片,它后来常被我放在受邀演讲的PPT中。晚间我们住在海边的宾馆,继续聊天。我与李教授同住宾馆的一个套间,亲眼看见他身上的开刀痕迹,触目惊心。此情此景,至今难以忘怀。

2010年11月李天岩与丁玖在海滩合照

在李教授75年生命的最后十年间,前五年他的身体状况尚属稳定。他一直坚持锻炼身体,每天走路,时常游泳。这给2015年7月初我们弟子从全美各地甚至远自台湾高雄回到母校隆重庆祝他的70寿辰创造了先决条件。但是,第二年春,形势开始急转而下。

我曾经仔细询问过李教授2016年带出的最后一位博士陈丽平。按照他的回忆,李教授在那年3月份前后的某天又一次摔倒,跌断了几根肋骨,之后的情况则变得越来越糟。4月25日是他关门弟子的博士论文答辩,因为他已经不能站立,只能坐轮椅参加。陈丽平的太太周梁民在李教授门下早一年拿到博士学位,但还待在母校。那几个月,他们夫妇以及留在那里做博士后的另一个博士弟子陈天然,几乎每天去医院或家里探望他。2008年在李教授门下获得学位现在兰辛地区工作的弟子蔡智雄博士夫妇一家,因地处附近,也给予了导师极大的关心,经常帮他处理一些家务,不时嘘寒问暖。对弟子们的体贴照料,李教授深为感动。他的华人同事,如周正芳博士一家,也给了他许许多多的照应和帮助。

那一年,扬州大学数学科学学院计划在5月下旬召开"第二届扬州动力系统与数值分析国际研讨会",在年初就邀请了李教授前去演讲。国内其他一些动力系统和计算数学的专家知道后,也准备于5月中旬在浙江大学举行一次小型的学术会议,邀请了他参加,顺便也邀请了我作陪。两所学校的院长都在紧锣密鼓地筹划着。李教授的一些老朋友,如我1985年就在中山大学见过的周作领(1938—　)教授,都盼望着与他重逢。进入3月后,我已经得知李教授跌倒的消息。到了4月,他的身体状况更加不容乐观。但是李教授觉得既然接受了邀请,就要竭尽全力不让邀请方失望,所以他一直不让我告诉扬州大学这次他有可能去不成中国。我满心希望他的病情会变好。但我5月2日回国的那天,在飞上海前,我在机场给李教授家打电话再次向他问候,他告诉我,当天凌晨二时,他在洗手间又一次摔倒,爬不起来。因为家里没其他人,陈丽平等人的手机又关机了，他只能待在那里等到天明，方被解救。我听到这个情况后相当难受，但他的口气还是那样的泰然自若。李教授终于承认他的身体状况的确使他无法成行。他非常遗憾当月去不了祖国了，特地让我转告他对扬州大学和浙江大学数学科学学院两位院长的真诚感谢和歉意。

两所大学的会议照常举行了。近80岁的周教授从广州赶到扬州，却没能见到多年未见的老朋友，但在扬州研讨会的第二天晚席上，周教授和其他参会者回忆了他与李教授的学术和个人友谊，表达了对这位“超人”的学术成就和自强不息的敬佩之情，讲得让听众动情赞叹。李教授的本系同事胡虎翼教授也分享了李教授的有趣故事。细心的会议组织者拍摄了有关的活动场景，我回到美国后马上将视频寄给了李教授，他看了后非常感动。或许是由于摄像中弥漫出的现场热烈气氛进一步燃起了他生命的烈火，到了秋天，幸运之神又一次解救了他，导致他不能站立的病因也终于找到。医生通过实施脊椎关节部位的手术让他脱离了轮椅，奇迹般地重新站起，不久甚至能自己开车外出。苍天有眼，总是尽可能地眷顾着他，在之后的三年中他的身体状况又一次基本平稳。我一直希望他的体魄能恢复到再度飞越太平洋，再次踏上祖国的大地。然而，自2016年起，国内学术同仁希望他再次访问祖国的愿望一直没能实现。

其实从那年起，当年近71周岁的李天岩教授又一次遭受疾病打击而导致人生中第一次坐上轮椅后，他就对不可预测的未来做好了心理准备。然而，他从来没有流露出悲观失望的情绪，埋怨命运对他的不公，而是一如既往地用乐观的姿态对待人生。只要疾病一时害怕他而退避三舍，他就聚精会神地看书做学问。我在那一年和他频繁的电话交流中感觉到他面对现实时的坦然和镇定，以及他终生不变的求知态度。有一次我们在电话里聊起了生活的真谛，他告诉我，一旦读起书来，他就感到快乐无比。因为他的健康缘故，2018年他正式退休前的那几年，系里给了他“半退休”的照顾，所以他虽然参与教学，但不再接受博士研究生。然而，即便“无官一身轻”，对待好学的同学，无论是谁，来自何方，他都愿意花时间尽力提携他们，通过各种方法去增强他们对数学的热爱。

现在密歇根州立大学数学系攻读拓扑学博士学位的中国学生许世坦，2017年读大三时从南开大学去了那个系当“交换学生”后，与李教授有过一次偶然但对他一生有深远影响的交往。他清楚地记得那是两年多前的某个星期二，在系里像往常一样正在举行的下午茶中，他看到“一个年纪很大的老爷子坐在了对面，看起来很像中国人”。这个“老爷子”也不认识他，便亲切地问他来自何地。当得知许世坦是南开学子，老人一下子打开了话匣子。于是一老一少聊起了天，从南开数学研究所的创始人陈省身先生聊到研究所的动力系统大牌教授龙以明（1948—　）院士，最后少年才知道，对面的老者写过一篇不同凡响的数学文章《周期三则意味着混沌》。与国内大部分学生见到大教授都要向后躲的羞涩不一样的是，当时对离散动力系统领域还缺乏足够了解的许同学，迫不及待地请求李教授能不能抽个时间给他以及其他几个也来自祖国大陆的交换生讲解一下这篇论文。没想到老教授欣然答应，特地抽了一个时间段，带领他们走进一间教室，在黑板上给他们几人品味了他的这道广被引用、被大物理学家称为“不朽数学珍品”的鲜味数学。这或许是李教授生前最后一次在教室里给学生讲解曾被他妙译为“周期三则乱七八糟”的著名数学定理。

李教授与许世坦的合影

当年底，当许世坦完成交换生计划准备回国前，他特地去李教授的办公室拜访了这位对他有恩的学术贵人。为了奖赏如此好学的同学，李教授特地送了他1975年12月刊登《周期三则意味着混沌》的那期《美国数学月刊》，并在扉页上写下了自己的名字。李教授也欣然与年轻的学生合影留念。这是如此幸运的交换生最后一次见到这位面容慈祥的敦厚长者。2020年6月25日李教授病逝。第二天得知噩耗后，许世坦“思绪万千，一直觉得没有官方消息而不愿相信”。直到27日下午收到系里发出的讣告后，他才敢相信这是真的，禁不住伤心流泪。在发到微信朋友圈中的悼念语中，他这样回忆道：“两年前的他还精神矍铄，下笔有力，讲课也是条理分明。”在广义的意义下，许世坦可以被看成是李天岩教授最年轻及最后的学生。

李教授长期遭受疾病的巨大痛苦，然而他是一个在逆境中寻求突破，“与病斗其乐无穷”的人。他是一位具有钢铁般意志的数学家，凭借着一股坚强的毅力及终极的信念去克服一切困难，在最艰难的环境下做出了第一流的研究工作。在几十年的学术生涯中，他在逆境中全力拼搏，以乐观的大无畏精神一次次地战胜病魔。几十次的全身麻醉，数不清的大小开刀，不计其数的局部麻醉手术，先后若干枚的“血管支架”，以及全身密布的累累刀疤，都挡不住他山火一般的生命洪流。正是因为这种超人的精神和旺盛的斗志，李天岩教授活到了公元第21个世纪的第21年。

第十章

永恒纪念

2020年注定是极不平凡的一年。公元新年刚过几天,新冠病毒疫情在武汉出现,中国政府立刻采取了封城的紧急措施。虽然牺牲了社会经济活动和人员行动自由,却有效遏制了病毒的到处传播,拯救了一大批平民的生命。然而由于许多国家的轻敌大意以及文化习惯导致的消极影响,新冠病毒很快就在全世界广泛传播,导致许多无辜生命的消逝,这对各国人民和政府都是令人难忘的痛苦经历。

年初我还在家乡扬州,和李天岩教授的联系除了电子邮件以外就是微信。虽然他精通数学,谈起数学概念如数家珍,但他对基于现代数学的科技成就制造出的日常生活电子产品却用得不多,在一般人的眼里属于不会享受人生之辈,其生活方式本质上是大文豪钱锺书式的。记得2010年秋我们师生在白沙海滩相聚时,几个师兄弟的太太都在力劝李教授"该换一换家里的电视机啦"。她们觉得拿那么多薪水的他应该多享受享受日新月异的现代化生活,调剂调剂自己单调的学者生活。她们或许也认为李教授的生活方式太节俭,太抠门。的确,李教授像许多老一代的华人学者一样,出生于乱世之中,成长于动荡之间,早就养成了勤俭生活的习惯。君不见,名满世界的数学大师陈省身先生,在美国的几十年教授生涯中,家里吃的水果等常是他的贤妻在食品店"降价处理"时买来的。但是,李教授对于好学的弟子,从来都是"出手阔绰"的,比如他自掏腰包为我付了开会的机票,为另一个弟子的急需资金倾囊相助。我曾在刊登于期刊《美国数学会会刊》的捐款人会员名单中见到他的名字,而且被列入了给数学会捐了较大款的那个花名册中。

然而很多年间他连手机也没有,直到2015年他过70岁生日时,我们几个弟子集体送他一部新款苹果手机为止。可是他不大会玩,也不大想玩。正如他的同事周正芳教授于2020年7月2日在他的葬礼上所回忆的那样:"他的苹果手机实在是浪费了钱,因为他仅仅用了它5%的功能。"之前一年的2019年6月22日,虽然他的弟子帮他建立了和我的微信联系,但他一直不会使用其语音或视频交流的功能,我常常为他用不上这些功能而妨碍随时的微信交流而略有遗憾之感。2020年1月18日,和他学术交流最密切的弟子之一、住家除了蔡智雄博士外离他最近的曾钟刚,又一次专程开车四小时,从伊利诺伊州的芝加哥城前往密歇根州的东兰辛市去看望他。都喜欢体育运动的他们在密歇根州立大学校园内的布莱斯林中心一起观看了一场篮球赛,并用手机留下了一张珍贵的师生双人照。那天上午,在曾钟刚的指点下,李教授终于学会用他的苹果手机与我第一次视频通话。还在扬州老家探望年逾九旬家母的我,正准备上床休息,突然看到李教授用微信发来了他们的亲密合照。我正在欣赏之时,我的手机铃声也响了起来,原来是李教授要和我微信视频，令我又惊又喜，马上接受。这是我们首次在屏幕上见到对方！

李天岩教授与弟子曾钟刚2020年1月18日在密歇根州立大学体育场

这距离我上一次在密歇根见到他已经有了四年半的光景。看到李教授熟悉但已很瘦削苍老的面孔时，我既十分高兴，却又感觉心酸。时间和病痛双管齐下，在他的脸上刻下了深深的印记。但是他身上有一样特色却丝毫未减，这就是他的幽默细胞依然那么活跃，一点也没有变少。他让我看到了身旁的曾钟刚，我半开玩笑地问这次是曾钟刚造访他呢，还是他去了曾钟刚家度假。他马上微信回复我："他过来朝拜！"

过了几天，我回到了美国，马上给他发了微信，但没有收到他的回信，几次给他家或办公室打电话也没有人接。因为往常都是我给他发的微信多，他回复的很少，平时主要还是在电话中交谈，我没有太在意。视他为亦师亦友的吕克宁2月下旬找到我，询问李教授近况如何，因为吕克宁也联系不上他。进入3月，美国很快就因新冠肺炎病毒疫情开始暴发而封闭学校，所有老师和学生全部转入网上教学，我也为学习怎样使用网络教学软件而忙得不可开交。我没有想到，李教授那时候的身体状况已经有了新的变化。终于到了4月4日，他第二次和我微信视频了，解释未能回我的电话或微信是因为身体原因而去医院进行了一系列医学检查。我们总共谈了17分钟31秒。当时我绝对没有料到，这是他和我之间最后的一次视频。

事实上，李教授自从2016年动过脊椎关节手术后，虽然看上去行动逐步恢复自由，但动脉血管的新堵塞又开始慢慢形成，身体的一些与之相关的指标又向令人不安的区域移动。他不想让外地的弟子知道太多关于他不好的消息，从来不主动让我们知道这些新的发展。我曾在电话里问及他目前的身体状况，开始他并不想讲，后来他才慢慢地告诉我有些指标逐步变差。曾钟刚常去看他，知道的情况更多些。王筱沈与他的联系也频繁，也得知他身体的变化趋势。其他弟子也是一直在惦记着他。与他家相距很远的李奎元有次趁出差的机会，专门去东兰辛看望他，两人在餐馆聊了好久。家住得更远的高堂安也于2019年的6月中旬带上太太去访问他，住了几天，帮他做事。我从他去世后收到的一些日记片段中读到了他对学生拜望的细节记载和心灵宽慰。

就是在我与他最后的这次视频谈话中，李天岩教授第一次对我预测“我没有几天活了”。但是他的口气一如往常，镇定而平缓。他简短地告诉了我他病情的最新发展。医生发现了新的动脉硬化，考虑安装新的血管支架，但前提是通过与新的治疗方案相关的肺部检查。然而，检查的数据结果不太理想，导致医生不敢实施进一步的手术。他告诉我要等一个肺部专门医生的诊断结果，得到他的建议后医院再做决定。

5月6日，他在医院动了一生中的最后一次手术，而且手术比医生原先预定的新支架植入还要大得多，因为又发现了其他问题而变成大型的开胸手术。这是我们的大师兄朱天照在5月8日下午给我们所有师兄弟、师姐妹发来的电邮中告诉大家的。他也同时说到，老师不让他事先告诉我们，免得我们担忧。朱天照教授多年来每周日傍晚前和导师通话一小时，这是我以前一直不知道的模范尊师行为，李教授也从来没有向我提及而让我向师兄看齐。在我们读书的那几年，他倒是好几次讲到朱师兄在当他学生时怎样刻苦，怎样圆满完成老师布置的研究任务。他的动机很简单直接：我们要向朱天照好好学习，天天向上。

朱天照关于李教授最新手术的报告是用英文写的。为了精确地表达它的主要内容，我不分段落地将它翻译如下：

> 我写信让你们知道，李博士已于5月6日星期三完成了三重旁路和二尖瓣修复手术。手术最初计划为简单的支架植入。然后他们发现了其他问题，并且该程序逐渐发展为一次大型的心脏直视手术。使之更复杂的因素是他的肾脏功能不全，这增加了手术中及预后更高的风险。李博士不想让我事先通知他的任何学生，所以我只能痛苦地等到现在。他仍在重症监护病房。他们已经拆下了呼吸管。医生为他的心脏进步感到高兴，但他仍然被连在各种各样的机器上。请在祈祷时记住他。请严格遵守这条规则：此时请勿寄送鲜花、卡片或给他打电话。无论如何，在当前情况下医院不允许。一旦我知道他的

情况更加稳定，我会通知你们向他表示你们的好意。顺便说一句，这就是他今天的精神：他已经问过他什么时候可以回家……哇！

自从2015年李教授的70周岁生日庆典，他几乎所有的弟子和他建立了一个集体电子邮件群，另加的一位是我们的师爷约克教授。朱天照教授5月8日给这个群的第一个邮件，牵动着大家的心，马上引起了强烈的反响。在第一时间，约克师爷表达了他的深度关切。他和李教授的师生关系更像兄弟关系，毕竟他们也只相差四岁。我于五年前从他们在机场的那个欧洲骑士式彼此问候的方式中，就看出他们之间深厚的个人情感。我的师兄弟师姐妹们很快回应邮件，纷纷为刚刚手术顺利完成的导师祈祷。他们也被李教授思家心切的念头感动不已，更为大师兄告诉大家的乐观前景欢欣鼓舞，盼望着李教授很快就能完全康复，回到家中，继续和我们的亲密交流。

大师兄一直保持与李教授家人的联系，获得第一手的康复进展。5月12日下午，他又一次向我们通报了李教授的最新状况。他刚刚听到一个好消息，李教授已经从外科重症监护病房转移到了普通病房。他给了我们病房的电话号码，但建议大家不要说太久。他自己刚打了电话给他，只聊了十秒钟。另一方面，大师兄提请我们注意，心脏手术后李教授可能患有认知功能减退综合征。这是临床医生公认的现象，所以暂时不必太担心。但在未来的几年中，我们需要轮流与他更多地交谈，以确保他的大脑继续有能力做数学。第三天下午，王筱沈也给李教授打了电话，但仅仅讲了更短的三秒钟，不过他能感觉对方精神不错。其他人也分别以自己的方式给李教授送去了慰问。

之后的两周，李教授依然待在医院里从事康复性治疗。到了5月底，在应约克教授所求向他通报最新发展后，朱天照再一次向我们详细报道了李教授的近况。我将他的长电子邮件第一段翻译如下：

> 手术后，他吞咽困难。他们对他进行了食管胃十二指肠镜检查，却一无所获。他只要吃东西就呕吐，以至于只能使用鼻胃管通过他的鼻子喂他。因此，他在医院多受了几天罪。当我与他交谈时，他精神很好，但抱怨他们不给他吃饭。他会抱怨挨饿，这听起来似乎有趣，但我却非常非常担心。他的管子终于被移走，他可以不呕吐地进食。他们可能仍然没有提供任何固体食物。我刚和他说话，他抱怨说他们一直给他橙汁。我建议他要一些鸡肉汤。他说他会尽力记住这一点。

之前的5月26日晚，李教授转到医院的一个康复机构从事理疗锻炼。他在那里进行至少需要两周的物理治疗。疗程安排是紧锣密鼓式的，每天三个小时进行一次理疗，另外每周还要进行三次透析，每次四个小时。这导致打电话过去不容易找到他。那天朱教授上午、下午和傍晚打了多次电话未果，直到晚上九点多才接通。此段日子正值美国新冠病毒肆虐之时，医院不让探望病人，电话问候只能是唯一的感情交流方式。李教授在病房里看到的新闻有许多与病毒有关的坏消息，令他不想看电视。他乐于听到我们的问候、祝愿和鼓励，所以大师兄建议我们有空时就打个短电话给他，让他感到衷心的温暖。

整个5月中下旬，我们期待历史上大病不断但多次顺利闯过鬼门关的李教授这次也会一如既往地恢复健康。有一次我给他病房打电话时，按医护要求通话时间控制在一分钟之内，但我从他的声音判断觉得他情况基本良好。在挂下电话前，他对我讲的最后一句话是“他们叫我去吃中饭了”。没想到进入6月份，他的肾脏功能极其快速地走向衰退，以及全身供血不足导致了病情急剧恶化。而上面那句话则是他生前留给我的最后声音。

在6月3日的电子邮件中，朱天照通知我们，李教授需要待在医院更长时间，因为他仍然需要很多医疗护理。四天后的下午，他的关门弟子陈丽平电邮了我们他和导师电话交流时的新发现，那就是李教授似乎不记得很多事情了。他的家人已经证实他的记忆力不是很好，医院的护士说他有语言障碍，他也不记得自己的生日了。此外，他不能独立行走，无法用助行器行走。他感觉自己的一条腿麻木了。经过检查，医生发现血液没有流到他的腿的下部。陈丽平表达了飞往兰辛看望李教授的愿望。但由于疫情关系，目前医院除家属之外不允许访客，所以家人建议大家不要这样做。

紧接着，朱天照也发来了之前一天他与李教授之间的一段对话，认为病人有时不能找到想说的单词。他想通过提问题的方式来引导导师的语言交流：

“吃晚饭了吗？”

“吃了。”

“可以吃solid food（固体食品）了吗？”

“可以。其实他们有给我solid food。不是只有orange juice（橙汁）。”

“要多吃些，补充力量。”

“我有尽量多吃。”

“每天做什么复健？”

“跑 treadmill(跑步机)。”

“自己能站么?”

“很弱。”

“同学有打电话给您么?”

“有。”(笑)

“大家都很关心您,但您要自己加油。”

“好。”

“一定要撑过这段日子。”

“好。”

“自己心中呼求神,多祷告。”

“好。”

“您要休息,不多谈了。我再打电话给您。”

“好。谢谢。”

6月10日是星期三,傍晚前朱天照的群发电邮带来了更坏的消息。李教授的家人说他的健康状况未达到预期的状态,因此周末他将被转移到一处亚急性康复辅助生活设施。他仍然需要做很多医疗护理。特别是他的身体出现了新情况:尾骨部位形成了一个拳头大小的开放式伤口褥疮;血液循环问题已在他的脚中发展成坏疽;他仍然无法自我站立,甚至无法在床和轮椅之间移动;他仍然需要做血液透析;他的认知仍然有些受损。大师兄在电邮的最后表达了他的极度难过和担心,并希望我们继续为导师祈祷。

当天晚上,作为我们这些弟子中的“大哥”,朱天照教授专门给我发了电邮,分析了李教授上述病症的可能后果。他诚恳地对我说:“我不知道接下来会发生什么,但是我认为我们应该为最坏的情况做准备。我绝对不想看到他很快就要结束了,但是我非常着急。既然如此，我想知道能否请你帮个忙。我希望你不会觉得被冒犯。”朱教授是我一直尊敬的学者型人物，做事认真，讲究原则，按章办事。我为之感动的一件事是，当国内一所高薪挖人的新建大学领导想来挖他时，他坚持自己的理念，不为超过百万的年薪而心动。我第一次见到他是我在密歇根州立大学读书的日子，他当时正在离我校不太远位于芝加哥附近的阿贡国家实验室度学术假，李教授把他请来做了一个关于从动力系统向量场的角度来研究离散数值计算方法的讲演。在此前后不久，他就这个重要论题在美国工业与应用数学学会的名刊《SIAM评论》上发表了一篇综述性文章。第二次和他的面对面交流则过了近二十年，我们在台岛李教授的60岁生日研讨会上畅谈过一番。他的人生哲学和学问精神都留给我深刻的印象。我一直没有采用西方人的做法喊他的名，而是尊称他为朱教授，直到李教授去世后我们彼此多次的电邮中他希望我改变称呼为止。

大师兄要让我帮忙做什么呢？他接着写道：“既然你写了几篇传记和其他相关文章，我想知道你是否愿意开始考虑从学生的角度写李博士的讣告。我不敢在给别人的邮件里说这些。可是我担心，如果这一天到来，我们将没有多少时间集中思想。如果你能准备好草稿的话，我们可以先在他的学生中传阅，最后确定我们对他的记忆。我知道这是一个大胆的要求，也许是令人不快的，甚至是不合情理的，但它真的是来自我的内心。如果你愿意接受这个任务，请告诉我。不管怎样，请把这封邮件视为仅在你和我之间。”读了邮件以后，我十分感动，也为李教授有这么充满爱心、细致周密的弟子而感到骄傲。我马上答应了。虽然痛苦在身，我开始了讣告的酝酿。

收到朱教授电邮那天，我恰巧开始在我夏季学期的研究生课“混沌导论”上讲解李-约克混沌定理。我告诉师兄，在课上讲到混沌故事的时候，我一方面为李教授的辉煌定理甚感自豪，另一方面也为可能即将失去他而备觉伤心。我们两人都是在极其伤感的气氛中相互交流的。在回信电邮的最后，我渴望奇迹再一次出现在李教授身上！

李教授90年代末带出的博士高堂安深受李教授喜爱，一年前曾和家人一同看望过导师，之前已经计划7月初从他居住的美国西海岸飞去中西部看望老师，因为密歇根州的医院探视已成可能。然而，由于李教授的病情很快就变得危急起来，他把出发日期提前了，在6月21日的晚上飞到密歇根的机场，租车开到李教授的家，第二天早上就赶到医院看望了导师。在医院陪伴的过程中，学生亲自给老师喂饭，谱写出一曲报答师恩的颂歌。对高堂安而言，这是一次极富爱心的勇敢行动，因为来势凶猛的新冠病毒依然笼罩在美国的大地上，出门远行随时都有可能染上病毒，甚至是一种生命的赌注。我们弟子圈里的所有成员都感谢他在李教授生命的最后几天，陪伴在侧，侍奉在床。高堂安也成了一个信使，及时传达李家亲人交流给我们的一些信息。6月22日晚上，高堂安通过自己的太太发给大家的第一条信息，就是关于李教授生命延续的黯淡前景。李教授的儿子爱德华告诉他，此时的父亲处境严峻，生命垂危。高堂安告诉我们，李教授的家人可能很快就停止一切医疗手段，包括血液透析，在接下来的几天随时可能将病人送回家里作最后的临终关怀。

一生中坚强无比具有超人勇气的李天岩教授，在生命的最后时刻，对于“家”有无限的热爱和无比的眷念。是他做出了坚决的决定,回到家里。沐浴于他重于泰山的父爱中长大成人的儿子在慈父生命的最后一周,及时地向我们通报了父亲病情的最新进展消息。在父亲搬回家中的前一天,即6月22日晚十点半,他在给我们的电邮中总结了父亲手术后的进程,详细叙述了父亲做出最后决定的整个过程。他的英文信所写内容是精确而有权威性的,我将其全文翻译如下:

> 大家好,我想告诉你们我父亲的最新情况。有好消息,但也没有那么好的消息。
>
> 好消息是我父亲明天(6月23日星期二)要回家了!他将于上午11点左右出院,中午前应该会回到他心爱的家中。在一家或另一家医院疗养了将近七个星期后,其中最后四个星期在住院康复中心,他非常渴望回家。
>
> 一开始,我父亲在康复方面取得了很好的进展,坚持严格的物理和专业治疗以及血液透析;他是个斗士,和你们大家都知道的他整个职业生涯没有什么不同。但是在过去的三个星期里,我父亲的进步达到了顶峰。对他的腿特别是脚的检查表明,血液没有流入脚趾,几乎没有流入小腿。然而,医生认为他太虚弱了,不能进行任何侵入性的医疗程序。结果是坏疽开始在他的脚趾上形成,即使是局部治疗。到今天为止,坏疽已经蔓延到他的脚踝和腿部。这使我父亲很难甚至不可能继续在他的康复锻炼中取得进展。
>
> 由于他的病情恶化,我于6月15日飞往密歇根州与父亲同住。第二天,一个由医生和顾问组成的团队来找我讨论父亲的姑息治疗;谈话是在我父亲在场的情况下

进行的。该小组想给我们提供另一种治疗方法——他们建议不要治疗我的父亲，而是建议治疗他的症状。在这次谈话中，我父亲明确表示了他想回家的愿望(在他房间内的团队面前)。我问他是否知道这意味着什么，他说："是的"。

在接下来的几天里，我和父亲进行了多次谈话，使他百分之二百确信他知道自己的要求，因为他在继续接受治疗。我妈妈看着他做运动，发现这对他来说像是一种折磨。我父亲还说，他不觉得血液透析对他有帮助。6月17日星期四晚上，当与我妻子和他的孙子、孙女通过视频远程交流时，我父亲做出了一个决定，宣布他有重要的事情要告诉我。我母亲在帮他远程交流后问他是什么重要的事情。我父亲说他想"退出程序"，即他想停止治疗和血液透析。

6月18日星期五，我代表我父亲，指示他的医生/护士团队停止所有的治疗和下午的血液透析。当我星期五下午去看父亲时，我问他不做运动和血液透析是否是他想要的，他说："是的"，并补充说他非常高兴。我不得不承认，我没有取消他的"程序"，直到他早上的治疗后；我有一部分是自私的，希望他继续做他的"程序"。不过，经过商量，我决定最好还是遵从父亲的意愿，让他停止；这是他的决定，他非常想回家。

从那时起，我们一直在为父亲回家做准备，包括安排一名家庭护理员，以帮助我们每天照顾他12个小时。计划是帮助我父亲尽可能的舒适和快乐。我们把他将要住的房间整理好，并把他的家人，特别是他的孙子、孙女的照片放在房间的四周。他将收听他最喜爱的音乐收藏，其中包括莫扎特(Wolfgang Amadeus Mozart，1756—1791)和帕瓦罗蒂(Luciano Pavarotti，1935—2007)的大量精选曲目。

在结束之前，我想特别向高堂安教授(加州州立大学长滩分校)喊话——我相信你们中的许多人都知道他是我父亲的博士毕业生之一。他千里迢迢从加州赶来看望我父亲，有机会在医院给我父亲喂午饭；连医院的工作人员都很钦佩高博士对我父亲的爱。非常感谢高教授！

一如既往，如有疑问，请与我联系。如果你想与我父亲在FaceTime(或谷歌聊天，或类似的软件)上聊天，请告诉我，我会尽我最大的努力让它实现。他真的很喜欢看到熟悉的面孔，今天高教授来的时候笑得最开心。事实上，我和妈妈已经有好长一段时间没见过父亲这么好了。

你们应该知道的最后一件事是——自从我父亲停止血液透析以来，他的预测从几天到几周不等。他最后一次血液透析是在6月17日星期三。

尊敬的，

爱德华

整个夜晚是朱天照教授的“今夜无眠”。第二天一早他就在电邮中向我们提议，我们所有弟子通过Zoom视频会议软件与李教授在网上见面，这样，他也许可以同时看到我们大家。朱教授哀叹了一声：可悲的是，也许这是最后一次的师生相聚。他的建议得到我们的一致赞同。我们感到必须与时间赛跑，和我们的导师作最后的生前告别。不到中午，高堂安电邮告诉我们，李教授刚刚回到了自己的家，所躺的医疗床安置在他最喜欢的书房中。考虑到李教授极为虚弱的体质，我们决定，于美国东部时区的周四上午十点整，安排约半个小时的时间通过视频会议软件 Zoom 与他会面，每人同他交谈一分钟。

为了这个特殊时刻的到来，周三的晚上，分布于中美两国各地的我们，先在 Zoom 上调试了整个网络软件的功能，力图把准备工作做得稳稳当当，以求届时做到万无一失。每个人把自己要讲的话写在了纸上，或背诵了下来。我们的心中都明白，这将是我们在人生中与亲爱的老师最后一次面对面交流了。考虑到他的身体状况，二十多人一共也只能共享半个小时与他共度时光，对他倾诉衷肠。我们都以迫切而复杂的心情等待那个时刻的到来。

我住在美国中部时区的南方一个大学小镇，为了精心迎接当地时间早晨九时开始的这一肃穆庄严强忍悲哀的告别仪式，那天我很早就起床了，特地穿了一件深颜色的长袖衬衫，以凝重虔诚的心情迎接向亲爱的导师做最后致敬的特别时刻。不到八点，我坐在了电脑前，打开了电子邮箱。自从5月6日李教授因动脉血管再次堵塞而住院接受胸部大手术后，从他1982年带出的首位博士朱天照，到2016年论文答辩成功的关门弟子陈丽平，我们26名他指导过的博士研究生，除了极个别远离中美两国而难以找寻或联系不便之外，其余的人迅速形成“李天岩教授弟子网”，随时转达有关信息，并随时可和他的家人直接联系，及时了解他的病情发展，迅速作出我们的行动计划。那几周里我们的大师兄经常给我们这个同门师兄弟、师姐妹团体发电邮，及时转告导师开刀后留在医院继续康复性治疗过程中他能了解到的所有最新进展，所以我要提前查看电邮，迫切了解李教授最新的身体状况。

8点14分，我的电脑突然叫了一声，显示出朱天照教授发给大家的电邮。高堂安教授刚刚通知他，我们敬爱的老师李天岩教授于当地时间9点05分，也就是九分钟前，已在家中安详地与世长辞了。后来我因为撰写纪念文章和李教授的家人联系核实情况时，他们告诉我，李教授回到自己的家后，很快就陷入了昏迷。他正式的去世时间是美国东部时区早晨8点45分，即在我获知噩耗之前约半小时。

一看到电脑上出现这个虽有预感却不愿面对的悲痛消息，顿时，我泪如泉涌，痛哭失声！在我本世纪的历史中，只有2003年9月6日从越洋电话里得知父亲不幸病逝的噩耗时才有同样的悲伤。

虽然我们没能与李教授见上最后一面，但是我们决定将既定的网上告别活动改为网上追思会议。大家怀着沉痛的心情，你一言我一语地共同回忆起求学时代与导师相处一堂的那些难忘的故事，缅怀他那灿烂的一生。我们的师爷约克教授在这段日子里也和我们一样，对李教授的病情非常地揪心。他也按时参加了我们的追思活动，细致讲述了他和他的出色弟子的一生友谊和点滴故事，场面令人动容。可惜我因为一小时后要教书，未能参加到最后，也失去了与其他人一道远远地瞻仰他遗容的最后机会。

当天下午2时30分，我如本月除周末外的每天一样，继续讲授一门二小时的四周夏季短学期的网上研究生课程。我这门课程的名称是“混沌导论”。在我教书生涯早期的90年代，我几乎每年都开设这门研究生课作为应用数学论题的内容。但在进入新世纪后，我更多地选择了其他学科作为应用数学的专题选讲。之前我最后一次开课讲解混沌动力系统的时间是2004年的春季学期。

这些年来，由于一些本系和外系的本科生及研究生对我的研究领域产生了更大的兴趣，希望我能给他们开设新课程，讲授与遍历理论有关的一些现代数学内容。遍历理论的一大部分，用通俗的语言概而括之，就是“用统计的观点看混沌”。我答应了学生们的要求，决定2020年夏再开一门应用数学专题。春季学期进入后半程之际，我在着手计划这门“应用数学论题”的讲课内容时，已经知道李天岩教授近来的身体每况愈下，他在和我的一次微信视频交谈中甚至对我说过自己“活不了多久了”。仿佛是冥冥之中来自上天的声音和催促，我自从十六年前上一回开讲混沌导论课后，又一次选择了“混沌”这一论题。我的内心深处已经预感到，混沌数学术语正式提出者之一的李天岩教授，可能将不久于人世，我要尽早以这门课的形式，让更多的学生知道混沌概念的进化史以及他个人的杰出贡献，借以回味他丰富而又传奇的数学人生。

我选择了约克教授的马里兰大学数学系同事古力克（Denny Gulick，1936—　）教授于90年代出版的一本书的第二版《与混沌分形相遇》（*Encounters with Chaos and Fractals*）作为教材。我曾经使用过该书的第一版，书名中没有“分形”一词。就在李天岩教授逝世的前一周，我讲完了《周期三则意味着混沌》中的主要结论——“李-约克混沌定理”，同时我顺便向听课的学生简述了李教授一身病体但创造出三大数学奇迹的传奇生涯，作为我经常在课堂上传播数学文化而给学生提供的一道“风味小吃”。我也告诉同学们，证明李-约克混沌定理的主角于5月6日动了心脏大手术后，至今还留在医院进行康复性理疗。学生们对李教授闪光明亮的学术人生以及在逆境中拼搏的感人故事感到敬佩，也被我语气中所表露出的浓厚师生之情深深感染。他们当中有好几人直接在电脑上发来消息表达自己的感受，下课后我又收到其他几位同学给我寄来的电邮慰问。

那天下午，在电脑摄像头前，我悲哀地告诉听课的学生，我的博士论文导师李天岩教授今晨去世，很快我的声音开始呜咽。班上的美国和外国学生们马上纷纷发来留言，哀悼他们从未谋过面，但在我的课堂里与他亲密交流过的这位华人数学家。

在李教授去世前，我们弟子们已经分头行动起来，收集历史照片，建立纪念网站，而我则写出了中文讣告的第一稿。李教授去世后，我们在大师兄的主持下迅速而认真地修改了我起草的中英文讣告，特别是朱天照、王筱沈和钟慧芸加班加点，字斟句酌，使得最后的定稿措辞十分贴切。钟博士是李教授来自新加坡的女弟子，本科毕业于新加坡国立大学，1998年获得博士学位。虽然我以前与她不太熟，但这次的合作让我惊叹她的热心加上责任心。很快李教授的讣告在美国的一些数学团体和中国大陆及台湾的数学界发布。陈丽平也很快建好了李教授纪念网站，放上了他的履历表、学术大家庭、他不同时期的个人和家庭照片、他写的随笔和别人写的关于他的文章，以及各方感言，等等。与李天岩教授本人及学术工作都很熟悉的丘成桐教授也在第一时间和台湾的数学家联系，计划在期刊《国际华人数学家大会会刊》(*Notices of the International Congress of Chinese Mathematicians*)上发表一文，着重介绍李天岩教授的主要数学成就。我很荣幸地被委托了写作任务，文章已经在2021年4月发行的那期刊登。

在我们弟子7月2日网上参加李天岩教授的葬礼前，我的几个师兄弟在其纪念网站上表达了自己对导师的怀念之情。大师兄朱天照和他的太太写下了诗一般的文字："每星期一次和您的谈话尚未结束，怎么您就走了？最后一次和您交谈，您不是还提及，有很多事以后再说吗？向您道谢，多年的师生之情；道歉，未能亲自照顾您；道爱，我们彼此的关怀；道别，我们天家再叙旧。"与他感情深厚的王筱沈偕同太太车英妮千言万语汇成了一句："今生能遇到您这样的良师益友是我们的荣幸。安息吧。"1998年获得博士学位的姚清传代表我们表达心声："今天，我们怀着沉痛的心情，在此举行告别追思，深切悼念我们的辛勤耕耘的好导师李天岩教授。对李教授离世回天家，表示哀悼，并向其家属致以诚挚问候。李教授，一路走好，愿您在天之灵快乐、满足，安息吧！"他的两位关门弟子陈丽平和周梁民夫妇深情地感谢他："老师：千言万语，谢谢您！有缘成为您的学生，受到您在学业、科研上的孜孜教诲和指导，在生活、工作上的诸多支持、帮助和鼓励，是我们莫大的幸运。愿老师一路走好！"

我也对远在天国的导师写下了发自肺腑的感恩之语：

1985年6月，我有幸在中山大学首次见到你，到你永远离开我们的2020年6月，整整35年。我从你那里不仅学习了怎样做数学，也学习了怎样做父亲。从今天起我开始阅读1985年及之后的日记和你从那年起给我的每封来信。我在重温我们之间师生缘分的历史，这对我弥足珍贵。谢谢你影响了我的一生！

是啊，我牢记在心的是，35年前，我是怎样有幸结识这样一位对我一生有如此巨大影响的数学界的一代鸿儒、学问场的亦师亦友、生命中的亦父亦兄。

在他人生的最后两个月，李教授完全清楚地知道自己生命的结局就在眼前，但他没有畏惧。高堂安读到了李教授在那段日子

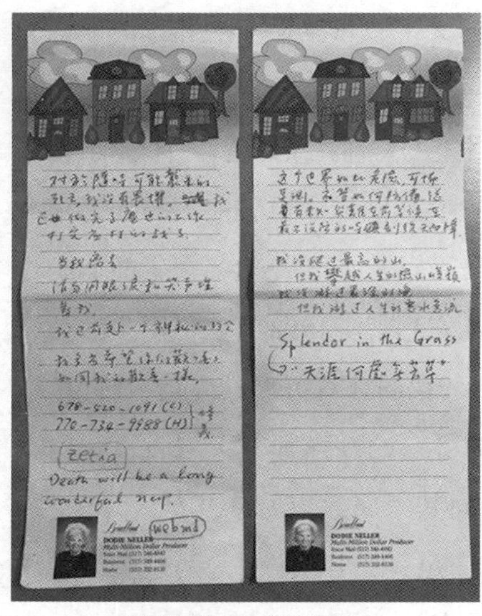

李天岩教授手书的遗言

里写下的只言片语。在一个小记事本上，他写道："这个世界如此危险，可怖莫测。不管如何防备，总有未知灾难在前等候，在最不设防的时刻从天而降。"然而，"对于随时可能袭来的死亡，我没有畏惧。我已做完了尘世的工作，打完应打的战了"。他给他亲人留下的希望是："当我离去，请勿用眼泪和哭声埋葬我，我已前赴一个神秘的约会。我多应希望你们欢欢喜喜，如同我的欢喜一样。"在同一页上，他用英文写道："Death will be a long wonderful nap"。(死亡将是漫长而美妙的午睡)在另一张纸上，他记下了他对人生意义的看法，也是用英文写的："Purpose of life: Work hard; love someone; have fun. And if you are lucky: You keep your health and have someone love you back"。(人生目的：努力工作；爱一个人；玩得开心。如果你幸运的话：你保持健康，有人爱你)

在5月6日的手术前，李教授用散文诗的语言，精辟地总结了自己一生的经历：

> 我没爬过最高的山，但我攀越人生的险山峻岭。
>
> 我没游过最深的海，但我游过人生的恶水急流。

我曾经读过比李天岩教授年长两岁的中国著名科普作家卞毓麟教授写的文章《阿西莫夫：我一直梦想着自己能在工作中死去》。作者在文中引用了伟大的犹太作家阿西莫夫(Isaac Asimov,

1920—1992)博士的一段话:“有一次,我正在写第100本书,我的第一任妻子格特鲁德抱怨说:‘你这样究竟有什么好处? 等到你快要死的时候,你就会明白自己在生活中错过了什么。你错过了所有原本可以用你挣的钱享受到的美好事物,那些由于你头脑疯狂,只知道写越来越多的书而被你忽略的美好的东西。到那时,100本书对你又有什么用?’我说:‘我死的时候,你俯下身来聆听我的临终遗言。你会听到我说,太糟糕了! 只写了100本书!’”阿西莫夫也经历过心脏手术,最终也是因为肾衰竭而只活了72岁,但写了470本科幻小说、大众科学及其他知识普及书籍,为全人类奉献了许多高质量的精神食粮,成为令人景仰的科学、人文传播大师,堪称奇迹。多年前,李天岩教授也曾对我说过他的导师:“钱对他来说仅仅是个符号,他一年挣二十万美元,大概只需花三万,完全不是为了钱而工作。”尽管像阿西莫夫博士或李天岩博士这样为了事业而惜时如金,不大会享受人间快乐的人极为稀少,但我们这个世界也正因为有了这样“为理想而活”的献身者才变得更加美好。这对一个功利主义盛行的社会弥足珍贵。

李天岩教授度过了颇具传奇色彩的一生。这是激励年轻一辈勇猛前行奋力向上的一生,这是启发莘莘学子刻苦求学追求创造的一生,这是鼓动芸芸众生不畏逆境战胜困难的一生。他的情迷学问,他的追根求源,他的讲课方式,他的演讲手势,他的凡人睿语,他的幽默谈吐,都将被他的朋友们和学生们津津乐道地反复咀嚼、认真回味。当年我在他门下求学时,他就跟我聊过什么是“传世之作”,说一个学者的在世工作要看他离世后几十年间是否还被人们提起。我相信他留给人世间的学术财富将会被许多学者长记在心,引用存案。他杰出的数学工作不会因他躯体的消逝而被人们遗忘。他的贡献与他的精神永存。

他活在我们的永恒纪念之中。

初稿完成于 2020 年 10 月 16 日星期五

于美国哈蒂斯堡居所夏日山庄

修改于 2020 年 10 月 25 日星期日

第二次修改于 2020 年 11 月 9 日星期一

第三次修改于 2020 年 11 月 20 日星期五

第四次修改于 2021 年 1 月 30 日星期六

第五次修改于 2021 年 3 月 5 日星期五

参考文献

1. 丁玖.传奇数学家李天岩.数学文化,2011,2(3):15-29.

2. 丁玖.智者的困惑:混沌分形漫谈.北京:高等教育出版社,2013.

3. 丁玖.亲历美国教育:三十年的体验与思考.北京:商务印书馆,2016.

4. 丁玖.南大数学77级.北京:北京大学出版社,即出.

5. Freeman Dyson. Birds and Frogs. *Notices of the American Mathematical Society*,2009,56(2):212-223.

6. R. B. Kellogg,T.-Y. Li and J. Yorke. A constructive proof of the Brouwer fixeded-point theorem and computational results. *SIAM Journal on Numerical Analysis*,1976,13(4),473-483.

7. Tien-Yien Li. Finite approximation for the Frobenius-Perron operator. A solution to Ulam's conjecture. *Journal of Approximation Theory*,1976,17(2):177-186.

8. 李天岩.关于"Li-Yorke 混沌"的故事.数学传播,1988,12(3):13-16.

9. 李天岩.回首来时路.数学文化,2011,2(3):30-34.

10. Tien-Yien Li and James A. Yorke. Period three implies chaos. *The American Mathematical Monthly*,1975,82(1):985-992.

11. Stanislaw Ulam. *A Collection of Mathematical Problems*. Interscices,1960.

图书在版编目(CIP)数据

走出混沌:我与李天岩的数学情缘/丁玖著.—上海:上海科技教育出版社,2021.9(2022.7重印)

ISBN 978-7-5428-7578-5

Ⅰ.①走… Ⅱ.①丁… Ⅲ.①数学—文化—普及读物 Ⅳ.①01-05

中国版本图书馆CIP数据核字(2021)第142213号

特邀策划 杨虚杰
责任编辑 匡志强
封面设计 李梦雪

ZOUCHU HUNDUN
走出混沌——我与李天岩的数学情缘
丁 玖 著

出版发行 上海科技教育出版社有限公司
(上海市闵行区号景路159弄A座8楼 邮政编码201101)
网　　址 www.sste.com www.ewen.co
经　　销 各地新华书店
印　　刷 上海商务联西印刷有限公司
开　　本 635×965 1/16
印　　张 14.5
插　　页 2
版　　次 2021年9月第1版
印　　次 2022年7月第2次印刷
书　　号 ISBN 978-7-5428-7578-5/N·1130
定　　价 50.00元